С. Бурдин

РАКЕТОНОСЕЦ

Ту 22К

ИСТОРИЯ
КОНСТРУКЦИЯ
ВООРУЖЕНИЕ
БОЕВОЕ ПРИМЕНЕНИЕ

Москва
АСТ
2002
Минск
Харвест

УДК 358.4
ББК 68.65
Б 91

Художники:
С. Сидоренко, А. Архипов

Бурдин С.

Б 91 Ракетоносец Ту – 22К / С. Бурдин; Худож. С. Сидоренко, А. Архипов. – М.: АСТ, Мн.: Харвест, 2002. – 48 с. ил.

ISBN 5-17-007-007372-0 (АСТ).
ISBN 985-13-1087-5 (Харвест).

Книга посвящена одному из самых легендарных и самых загадочных советских самолетов дальней авиации, символу холодной войны – Ту-22. В настоящем издании рассказывается об истории создания этого самолета, особенности боевого применения, приводятся иллюстрации, рисунки, схемы и летно-технические характеристики его модификаций.

Книга предназначена для широкого круга читателей, интересующихся вопросами истории и развития военной техники.

УДК 358.4
ББК 68.65

ISBN 5-17-007372-0 (АСТ)
ISBN 985-13-1087-5 (Харвест)

ИСТОРИЯ

Несколько лет назад ушел в небытие один из самых загадочных самолетов дальней авиации. Этот символ холодной войны — самолет Ту-22, получивший в кодах НАТО имя Blinder, — был впечатляющим достижением авиационной промышленности. Он очень долго стоял на вооружении ВВС СССР.

Поэтому удивительно, что с момента своего появления самолет столкнулся с жестким противодействием со стороны тех, кто решил, что время бомбардировщиков прошло и Ту-22 уже не нужен.

В 50-е гг. в СССР так же, как и в США, начались разработки новых средств доставки ядерных боеприпасов к цели. Предложение руководимого А.Н.Туполевым ОКБ-156 по созданию сверхзвукового бомбардировщика официально получило одобрение Совета Министров СССР в августе 1954 г.

После рассмотрения ряда предварительных проектов конструкторская группа под руководством С.М.Егера предложила вариант самолета 105, с двумя двигателями, расположенными в гондолах по обе стороны киля. Предварительное его проектирование было закончено в конце 1955 г.

Конструкция 105-го была намного сложнее конструкций всех предыдущих самолетов Туполева, экипаж состоял из трех человек: летчика, штурмана и воздушного оператора. Машина была настолько революционной по тем временам, что первый полет из-за доводок задержался до 21 июня 1958 г., когда самолет 105 был поднят в воздух летчиком-испытателем Юрием Алашеевым. Параллельно с испытаниями прототипа велись работы по созданию модифицированного варианта самолета. Официальный статус эти работы приобрели после принятия постановления Совета Министров СССР в апреле 1958 г. А 7 сентября следующего года состоялся первый полет самолета 105 А. Летные испытания оказались столь многообещающими, что еще до их полного завершения, в 1959 г., на Госавиазаводе №22 в Казани началась подготовка к производству первой серии этих самолетов. Однако в процессе долгих согласований, борьбы с «ракетной модой» тех лет к полносерийному производству готовится не бомбардировочный, а разведывательный вариант самолета.

Новый самолет-разведчик, получивший обозначение Ту-22Р (Изделие «ЮР»), в условиях строевой части трансформировался в бомбардировщик, поэтому сохранил оптический бомбовый прицел и систему управления оружием. Всего было выпущено около 127 самолетов этого типа.

Один из первых бомбардировщиков Ту-22 в музее ВВС в Монино. Самолет предназначен только для нанесения бомбовых ударов. На нем были установлены радиолокационная станция (РЛС) «Рубин» и первый топливный бак (система дозаправки топливом в полете отсутствует).

Первый Ту-22Р был построен в 1962 г. для 290-го Гвардейского отдельного дальнего разведывательного авиационного полка(одрап) 46-й воздушной армии (ВА), который дислоцировался в Зябровке, недалеко от Гомеля, и для 15-го одрап авиации Балтийского флота, располагавшегося в Черняховске Калининградской области. В 1965 г. были развернуты еще два авиаполка: 199-й одрап 46-й ВА в Нежине под Киевом и еще один морской одрап Черноморского флота в Саках. В полках авиации ВМФ Ту-22Р заменил старые Ил-28Р.

В 1962 г. на вооружение был принят учебный вариант самолета Ту-22У.

Тогда же начались работы над следующим — ракетоносным — вариантом Ту-22. Это было вызвано необходимостью создания эффективного средства доставки ядерных боеприпасов сквозь противовоздушную оборону противника. Собственно, разрабатывался не просто самолет, а целый комплекс вооружения, получивший наименование К-22. Он включал самолет-носитель Т-22К и крылатую ракету Х-22 (AS-4 Kitchen).

Ту-22К предназначался для поражения радиолокационно-контрастных точечных и площадных наземных, морских подвижных и неподвижных целей крылатой ракетой типа Х-22, а при условии переоборудования самолета-носителя в вариант бомбардировщика — специальными и обычными бомбами.

Первый образец Ту-22К был построен в начале 1961 г. и появился на авиационном празднике в Тушино с макетом ракеты Х-22 на подвеске.

ТУ-22К

Самолет-разведчик Ту-22Р был первой серийной модификацией семейства Ту-22. Самолет Ту-22РМ с драконом на борту принадлежал 290-му одрап 46-й ВА. Аэродром Зябровка.

Самолет Ту–22К имел следующие основные конструктивные изменения и отличия от самолета Ту–22Р:

- створки грузового отсека заменены новыми разрезными; в грузоотсеке оборудована система спецподвески для обеспечения подвешивания крылатой ракеты;
- дополнительно смонтирована система управления балочным держателем;
- доработаны средства аварийного покидания самолета;
- установлена дополнительная сигнализация о пожаре в отсеке двигателя ракеты и в грузоотсеке самолета; на самолетах, начиная с 43–й серии, лампы, сигнализирующие об этих пожарах, располагались на сигнальном табло;
- пневмосистема доработана в связи с установкой новой системы управления створками грузоотсека, системы подкачки аппаратуры ракеты и новой РЛС ПН;
- частично перекомпонованы приборные доски летчика и радиста; установлено центральное навигационное вычислительное устройство ЦНВУ–Б1А;
- изменено размещение органов управления системой кондиционирования воздуха; установлена система кондиционирования боевой части ракеты и органы ее управления в кабине штурмана;
- ультрафиолетовое облучение заменено красным освещением; установлены огни полета строем ОПС–57 и проблесковые маяки СПМ–1; снята блокировка системы поворота колес с закрылками для улучшения маневренности самолета на земле;
- незначительно изменен пульт управления радиостанцией у штурмана и место его расположения в кабине летчика; вместо радиовысотомера РВ–25ТАУ установлен радиовысотомер РВ–25А; в носовой части вместо РЛС «Рубин» установлена РЛС ПН;
- сняты аппаратура «Штырь–5А» и станция «Ромб–4А»;
- станция «Сирена–3» состыкована с аппаратурой ПН;
- установлена аппаратура СРЗ–10 («Латунь»), работающая в общевойсковой системе радиолокационного опознавания «Кремний–2» и предназначенная для опознавания обнаруженных РЛС и целей, оборудованных ответчиками системы радиолокационного опознавания;
- установлен балочный держатель БД–294; перекомпонован и сделан съемным электрощиток сбрасывания в кабине штурмана; изменилось управление створками грузоотсека.

На самолетах Ту–22К с заводскими номерами 1204, 1205, 3202, 3302 устанавливались бак №1 и двига–

ТУ-22К

С некоторой задержкой в войска стал поступать учебный вариант самолета Ту-22. Совершенные аэродинамические формы самолета нарушались кабиной инструктора, которая возвышалась над кабиной летчика. На снимке учебный самолет Ту-22У из 3-й эскадрильи 121-го тяжелобомбардировочного авиаполка. Аэродром Мачулищи.

тели ВД–7М, на всех остальных — система дозаправки топливом в полете, апробированная до этого на Ту–22РД. При установке системы дозаправки снимался топливный бак №1, а вместо двигателей ВД–7М устанавливались двигатели РД–7М2.

Летные испытания Ту–22К с ракетой Х–22 проводились в Государственном научно–испытательном институте ВВС (ГНИИ ВВС) во Владимировке (недалеко от Ахтубинска). Испытания проходили тяжело: из–за пожара двигателя самолет потерпел катастрофу, погиб и его экипаж. Это была уже вторая катастрофа Ту–22 (в 1959 г. из–за несовершенства системы управления погиб Ю. Алашеев).

И все же серийное производство Ту–22К и ракет Х–22 началось еще до вынесения госкомиссией положительного заключения, когда летные испытания боевой машины все еще продолжались. Уже в 1965 г. первые самолеты появились в трех тяжелобомбардировочных авиаполках (тбап) ВВС — в 121–м в Мачулищах под Минском, 203–м в Барановичах и в 341–м в Озерном, под Житомиром. Все эти полки входили в 15–ю авиадивизию (со штабом в Бобруйске), которая являлась составной частью 46–й воздушной армии Верховного главнокомандования (ВА ВГК) со штабом в Смоленске. До перевооружения полк в Барановичах был оснащен самолетами Ту–22Р. По непроверенным данным, тогда же новые Ту–22К поступили и в еще один авиаполк из 30–й ВА, дислоцировавшийся в Завитинске (на тихоокеанском театре военных действий).

Официально Ту–22К был принят на вооружение в 1967 г., т. е. только через два года с начала его поставок в войска. Это было довольно обычным явлением в СССР.

Ту–22К мог выполнять операции как в составе групп самолетов–носителей с крылатыми ракетами, так и в составе групп бомбардировщиков с обычными или специальными бомбами. В состав групп Ту–22К всегда включались самолеты–постановщики помех Ту–22П, несшие на себе комплекс оборудования для разведки радиолокационных средств противника, а также для создания активных помех.

Ту–22К был способен выполнять полет, а также взлет и посадку днем и ночью в сложных метеоусловиях (СМУ).

Большие скорости (1300—1500 км/ч) и высоты полета (в районе цели 12 000—14 000 м) в сочетании с оборонительным вооружением и оборудованием позволяли группам самолетов Ту–22К осуществлять боевые операции в условиях противодействия истребительной авиации и других средств ПВО противника на маршруте и при подходе к цели.

В середине 60–х годов на вооружение был принят ракетоносный комплекс К–22П. Он предназначался

ТУ-22К

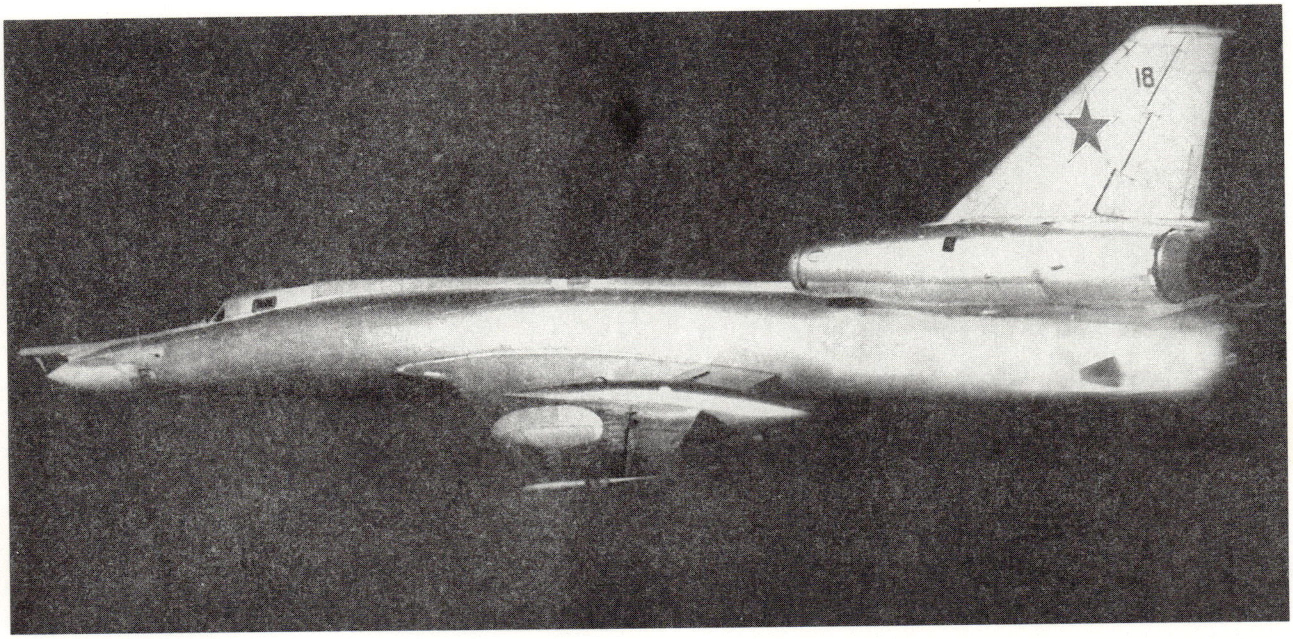

Полеты ракетоносцев Ту-22К обычно выполнялись парами, в составе полка и реже — звеньями. В полете Ту-22К из состава 1-й аэ 121-го тбап. Чаще всего в полках принадлежность к эскадрильи определялась по бортовому номеру, т.е. самолеты, номер которых начинался с 1 (12, 14, 15 и т.д), входили в 1-ю эскадрилью, с цифры 2 — во вторую, с цифры 3 — в третью. Самолета с номером 13 в полках не было.

для поражения работающих наземных и корабельных радиолокационных станций ракетами Х–22МП. Модифицированный Ту–22 из состава этого комплекса получил наименование Ту–22КП и был оборудован системами «Курс–Н» и «Курс–НМ», которые позволяли применять ракеты Х–22 с противорадиолокационной головкой самонаведения.

Одновременно с Ту–22К на вооружение стал поступать самолет–постановщик помех Ту–22П. Он предназначался для обеспечения групповой защиты дальних самолетов–ракетоносцев, создавая активные и пассивные помехи в работе радиолокационных станций обнаружения воздушных целей, наведения истребительной авиации и целеуказания защитным ракетным комплексам.

Самолеты Ту–22П имели следующие варианты размещения средств радиоэлектронной борьбы (РЭБ) групповой защиты:

- на самолете Ту–22П1 — станции активных помех СПС–44, СПС–55 и один полукомплект СПС–4М или СПС–5М, установленные в контейнере П–1; автомат постановки пассивных помех АПП–22 в бомбоотсеке;
- Ту–22П2 — станции активных помех СПС–77 и по одному полукомплекту СПС–4М и СПС–5М (или полный комплект СПС–5), установленные в контейнере П–2; два автомата постановки пассивных помех АПП–22 в бомбоотсеке;
- Ту–22П4 — станции активных помех СПС–22–70, СПС–33–70 и два полукомплекта СПС–5, установленные в контейнере П–4; станцию активных помех СПС–6, установленную внутри фюзеляжа; автомат постановки пассивных помех АПП–22 в бомбоотсеке;
- Ту–22П6 — станции активных помех СПС–22–70, СПС–44–70 и два полукомплекта СПС–5М, установленные в контейнере П–6; станцию активных помех СПС–6, установленную внутри фюзеляжа; автомат постановки пассивных помех АПП–22 в бомбоотсеке;
- Ту–22П7 — станции активных помех СПС–22–70, СПС–55–70 и два полукомплекта СПС–5М, установленные в контейнере П–7; станцию активных помех СПС–6, установленную внутри фюзеляжа; автомат постановки пассивных помех АПП–22 в бомбоотсеке.

Контейнеры П–4, П–6 и П–7 были взаимозаменяемыми на самолетах Ту–22П4, Ту–22П6 и Ту–22П7.

Как и Ту–22К, самолеты Ту–22П всех вариантов изначально имели кормовую пушечную установку ДК–20 и устройство КДС–16ГМ. Позднее часть самолетов по бюллетеню № 1295 была оборудована станциями

Предполетная подготовка Ту-22К из 2-й эскадрильи 121-го тбап. Аэродром Мачулищи.

активных помех СПС–151 (СПС–152, СПС–153) и устройством АСО–2И для индивидуальной защиты задней полусферы от воздушных атак истребителей противника. Станции СПС–151 (СПС–152, СПС–153) размещались в переднем техническом отсеке и в унифицированном хвостовом отсеке на месте снятой пушечной установки. АСО–2И–Е7 размещались в унифицированном хвостовом отсеке и в гондолах шасси. Самолет Ту–22П был последней модификацией Ту–22.

За свою 35–летнюю службу Ту–22 (Изделие «Ю») выпускался в нескольких вариантах: Ту–22Р — разведчик; Ту–22К — ракетоносец; Ту–22П — самолет РЭБ; Ту–22У — учебный. Бомбардировочный вариант самолета экспортировался в Ирак и Ливию.

По дошедшим до нас сведениям, в Казани до конца 1969 г. было построено два прототипа и 311 серийных Ту–22, включая 15 Ту–22Б, 127 Ту–22Р, 76 Ту–22К, 47 Ту–22П и 46 Ту–22У.

К 70–м гг. богатый опыт применения Ту–22, а также доработки в процессе производства, позволили снизить уровень его аварийности. Этот самолет — родоначальник сверхзвуковой дальней авиации — «проложил дорогу» ракетоносцам 70—80–х гг. Ту–22М2/М3 и Ту–160.

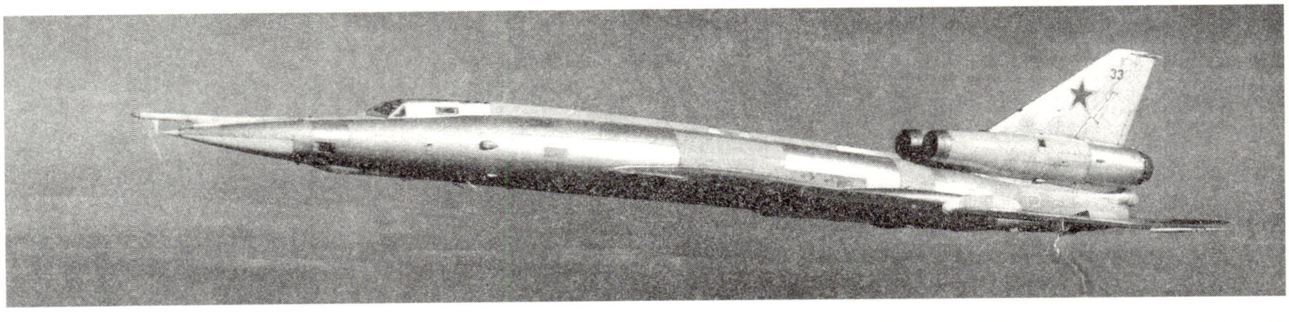

Последней модификацией Ту-22 был постановщик помех Ту-22П. Эти самолеты обычно входили в состав третьих эскадрилий тяжелобомбардировочных авиаполков. На снимке самолет Ту-22П (заводской № 4602) в составе боевых порядков 121-го тбап.

— ЛЕТНО-ТЕХНИЧЕСКИЕ ХАРАКТЕРИСТИКИ —

НАИМЕНОВАНИЕ	Без ракеты Х-22	С ракетой Х-22
Максимальная скорость полета при весе 73,5 т:		
на максимально бесфорсажном режиме работы двигателей РД-7М2 на высоте Н=10 000 м	1050 км/ч	1035 км/ч
на максимально форсажном режиме работы двигателей РД-7М2 на высоте Н=10 000 м	1480 км/ч	1380 км/ч
на высотном максимально форсажном режиме работы двигателей РД-7М2 на высоте Н=11 000 м	1610 км/ч	1550 км/ч
Крейсерская скорость:		
дозвукового полета		950—1000 км/ч
сверхзвукового полета		1200—1300 км/ч
Практическая дальность полета носителя с ракетой Х-22 с 5% запаса топлива при посадке:		
на дозвуковой крейсерской скорости 950—1000 км/ч при взлетном весе 92 т		4400 км
на сверхзвуковой крейсерской скорости 1300 км/ч при взлетном весе 92 т		1560 км
с заправкой на пути к цели на дозвуковом режиме		6150 км
Дальность пуска ракеты		400—500 км
Радиус действия системы К-22:		
на дозвуковой крейсерской скорости 950—1000 км/ч		2500—2700 км
на сверхзвуковой крейсерской скорости 1300 км/ч		1100—1300 км
Максимальная продолжительность полета в варианте носителя с ракетой Х-22		4,5—5 ч
Высота полета на сверхзвуковой крейсерской скорости 1300 км/ч при взлетном весе 92 т:		
в начале горизонтального полета		10 100 м
над целью до сброса		11 200 м
в конце полета	13 300 м	
Высота полета на дозвуковой крейсерской скорости 950—1000 км/ч при взлетном весе 92 т:		
в начале горизонтального полета		8600 м
над целью до сброса		10 000 м
в конце полета	11 800 м	
Практический потолок в районе цели при весе 73,5 т:		
на максимальном бесфорсажном режиме работы двигателей		10 600 м
на максимальном форсажном режиме работы двигателей	13 300 м	12 950 м
Время набора высоты на максимальном режиме работы двигателей:		
при взлетном весе 92 т — 8000 м		13,5 мин
при взлетном весе 85 т — 9000 м		10,5 мин

ТУ-22К

НАИМЕНОВАНИЕ	Без ракеты Х-22	С ракетой Х-22
Радиус виража при весе в районе цели 73,5 т:		
на дозвуковой скорости М=0,9 (Н=10 000 м)	5,7 км	
на сверхзвуковой скорости 1300 км/ч (Н=11 000 м)	10 км	
Максимально допустимый угол крена	50°	
Минимально допустимая скорость у земли:		
при взлетном весе 92 т	430 км/ч	
при взлетном весе 85 т	407 км/ч	
Длина разбега:		
при взлетном весе 92 т и скорости отрыва 412 км/ч на максимальном форсажном режиме работы РД-7М2	2700 м	
при взлетном весе 94 т с ускорителями	1550—1750 м	
Пробег при посадке с максимальным посадочным весом 65 т при скорости 330 км/ч с тормозами и парашютом	1900 м	
Максимально допустимая эксплуатационная перегрузка	2 ед.	
Нормальный взлетный вес без ускорителей	92 т	
Максимальный запас топлива	37,05 т	
Вес ракеты Х-22	5,7 т	
Взлетная тяга двигателя РД-7М2	16 500 кг	

ОСНОВНЫЕ ГЕОМЕТРИЧЕСКИЕ ДАННЫЕ

Размах крыла	23,646 м
Длина самолета со штангой	42,6 м
Высота самолета на стоянке	10,04 м
Угол поперечного V крыла	–2,5°
Угол стреловидности крыла по линии 25% хорд	52°14'30''
Угол поперечного V горизонтального оперения	5°
Угол стреловидности горизонтального оперения по линии 25% хорд	55°08'22''
Угол стреловидности вертикального оперения по линии 25% хорд	50°
База шасси	14,465 м
Колея шасси	9,12 м
Стояночный угол	0°09'

КОНСТРУКЦИЯ

Штанги дозаправки, устанавливавшиеся на самолеты Ту-22К и Ту-22П в начале эксплуатации (а) и после доработок (б).

Самолет Ту-22 имел традиционную для сверхзвуковых самолетов 50-х годов форму фонаря кабины. На снимке Ту-22П из 121-го тбап.

Самолет Ту–22 ознаменовал собой переход дальней авиации в эпоху сверхзвуковых скоростей и потому имел ряд особенностей в конструкции, на которых мы и остановимся ниже.

Фюзеляж его выполнен по «правилу площадей» и состоит из носовой, передней, средней и хвостовой частей.

Носовая часть, между шпангоутами (далее везде — шп.) №1—13, включает в себя носовой обтекатель и герметическую кабину экипажа. В носовом обтекателе установлены антенна и блоки радио- локационной станции ПН (для самолета Ту–22К) и «Рубин» (для Ту–22П). В носовой части фюзеляжа над обтекателем размещен телескопический приемник топлива — штанга, закрепленная консольно. Передняя часть располагается между шп. №13—33 между герметической кабиной и центропланом крыла. В ней размещены передняя нога шасси и один топливный бак.

Средняя и хвостовая части (между шп. №33—85) не имеют между собой технологического разъема.

В средней и хвостовой частях фюзеляжа расположены топливные баки. Для размещения ракеты в обшивке подкессоной части фюзеляжа между шп. №30—44 сделан вырез, закрываемый створками.

Между шп.№ 44—60 расположен грузовой отсек. Створки грузового отсека и подкессонной части разрезные и открываются перед подвеской ракеты внутрь. В варианте бомбардировщика створки грузового отсека открываются наружу.

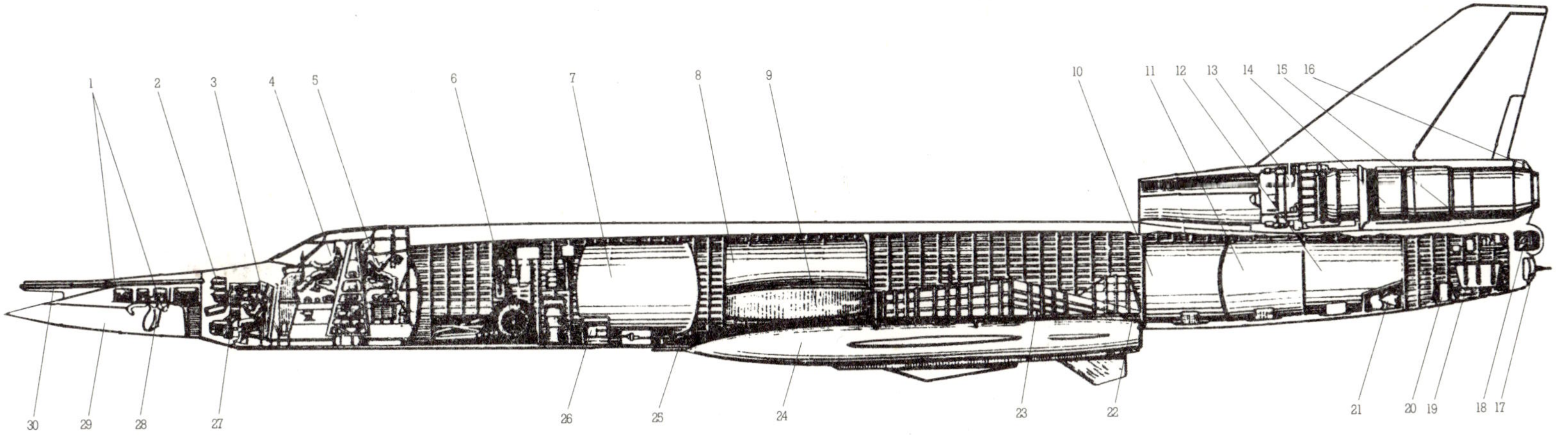

Компоновочная схема самолета Ту-22К в варианте ракетоносца: 1 — аппаратура радиолокационной станции ПН в негерметичном носке фюзеляжа; 2 — аппаратура радиолокационной станции ПН в герметичной кабине; 3 — штурман; 4 — летчик; 5 — воздушный оператор; 6 — передняя нога шасси; 7 — топливный бак № 2; 8 — топливный бак № 3; 9 — топливный бак № 4; 10 — топливный бак № 5; 11 — топливный бак № 6; 12 — топливный бак № 7; 13 — два двигателя РД–7М2; 14 — камера дожигания; 15 — аппаратура радиолокационного прицела ПРС–3; 16 — визир телевизионного стрелкового прицела; 17 — кормовая пушечная установка под пушки 261П калибра 23 мм; 18 — антенна радиолокационного прицела ПРС–3; 19 — патронный ящик на 500 патронов (в расчет берутся 250 патронов); 20 — посадочный парашют; 21 — хвостовая опора; 22 — створка грузового отсека; 23 — подвесное устройство; 24 — крылатая ракета; 25 — подкесонные створки грузового отсека; 26 — антенна допплеровского измерителя путевой скорости и угла сноса ДИСС–1; 27 — бомбардировочный прицел ОПБ–15; 28 — антенна радиолокационной станции ПН; 29 — радиопрозрачная часть негерметичного носка; 30 — приемник топлива — штанга.

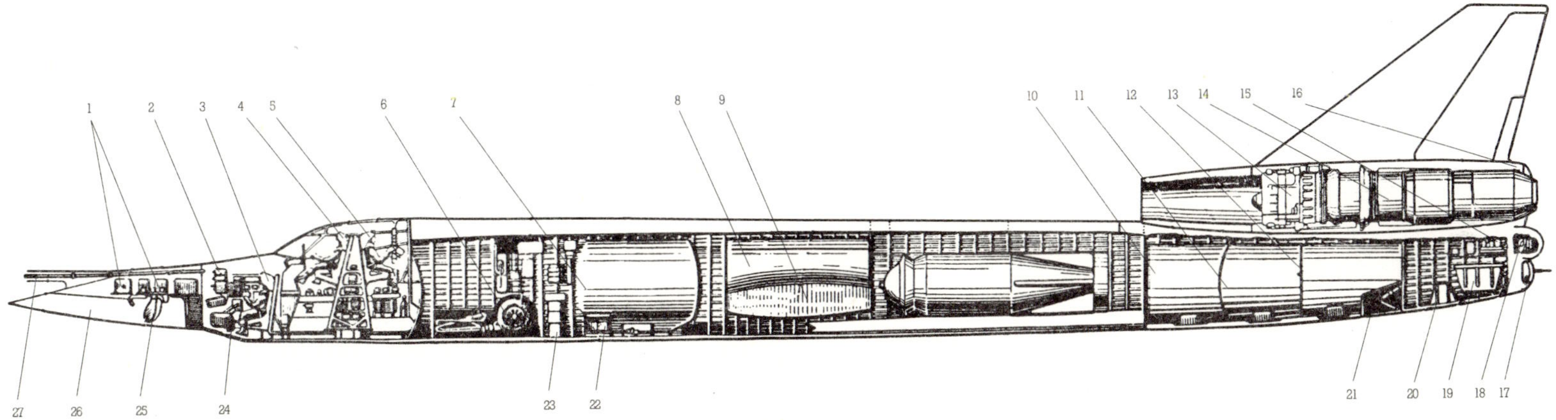

Компоновочная схема самолета Ту-22К в варианте бомбардировщика: 1 — аппаратура радиолокационной станции ПН в негерметичном носке фюзеляжа; 2 — аппаратура радиолокационной станции ПН в герметичной кабине; 3 — штурман; 4 — летчик; 5 — воздушный оператор; 6 — передняя нога шасса; 7 — топливный бак № 2; 8 — топливный бак № 3; 9 — топливный бак № 4; 10 — топливный бак № 5; 11 — топливный бак № 6; 12 — топливный бак № 7; 13 — два двигателя РД–7М2; 14 — камера дожигания; 15 — аппаратура радиолокационного прицела ПРС–3; 16 — визир телевизионного прицела; 17 — кормовая пушечная установка под пушки 261П калибра 23 мм; 18 — антенна радиолокационного прицела ПРС–3; 19 — патронный ящик на 500 патронов (в расчет берутся 250 патронов); 20 — посадочный парашют; 21 — хвостовая опора; 22 — антенна допплеровского измерителя путевой скорости; 23 — аэрофотоаппарат АРА–34–ОК; 24 — бомбардировочный прицел ОПБ–15; 25 — антенна аппаратуры ПН; 26 — радиопрозрачная часть негерметичного носка; 27 — приемник топлива — штанга.

Фонарь кабины летчика имел сдвижные форточки с обоих бортов, на лобовом стекле устанавливался стеклоочиститель.

Остекление кабины штурмана позволяло видеть подстилающую поверхность в сторону и лишь под небольшим углом вперед, что усложняло работу при полетах на малых высотах.

Килевой отсек является продолжением фюзеляжа и расположен между шп. №71—79. Верхняя его часть, выходящая за границы фюзеляжа, образует пилон киля, к которому крепятся киль, двигатели и гондолы двигателей. В нижней части отсека к шп.№76 и 79 крепятся стабилизаторные балки.

Контейнер топливного бака №5 расположен в отсеке фюзеляжа между шп.№60—66, бак №6 — между шп.№66—71, бак №7 – между шп. №71—79.

Между шп. №76—79 в нижней части фюзеляжа по оси самолета имеется ниша, в которую убирается хвостовая опора. Отсек контейнера хвостового парашюта расположен между шп.№79—85. В отсеке кроме тормозного парашюта размещены агрегаты управления стабилизатором и рулем направления и патронный ящик кормовой установки.

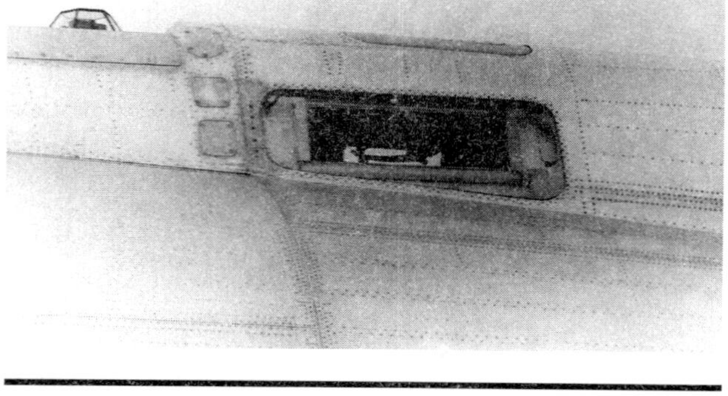

В кабине оператора было два окна с обзором вбок-назад, поскольку оператор располагался спиной по направлению полета. За кабиной оператора наверху фюзеляжа размещались визирные головки звездно-солнечного ориентатора ЗСО-65.

Фюзеляж заканчивается фланцевым шпангоутом, к которому крепится кормовая стрелковая установка с радиолокационным прицелом.

Хвостовое оперение стреловидное. Профиль дужек горизонтального и вертикального оперения симметричный.

Вертикальное оперение включает киль и руль направления с триммер–флетнером; горизонтальное оперение — управляемый в полете стабилизатор, выполненный из двух половин, смонтированных справа и слева от фюзеляжа.

Гондола двигателей состоит из передней части (воздухозаборник), средней части и хвостовой части со стекателем газов.

Нерегулируемый в полете воздухозаборник с внешним сжатием в прямом скачке уплотнения на сверхзвуковых скоростях полета представляет собой отдельный агрегат, в конструкцию которого входят два раздельных канала, подводящих воздух в двигатели. Для обеспечения работы двигателей на земле, а также на взлете и посадке носки воздухозаборника выполнены выдвижными. В средней части гондолы расположены двигатели. Хвостовая часть гондолы двигателей выполнена в виде отдельного агрегата и служит для размещения форсажных камер двигателей. Средняя и хвостовая части гондолы имеют откидные крышки для доступа к агрегатам двигателя.

Самолет имеет стреловидное крыло с конической круткой и состоит из центроплана, встроенного в фюзеляж, двух средних частей, занимающих участки

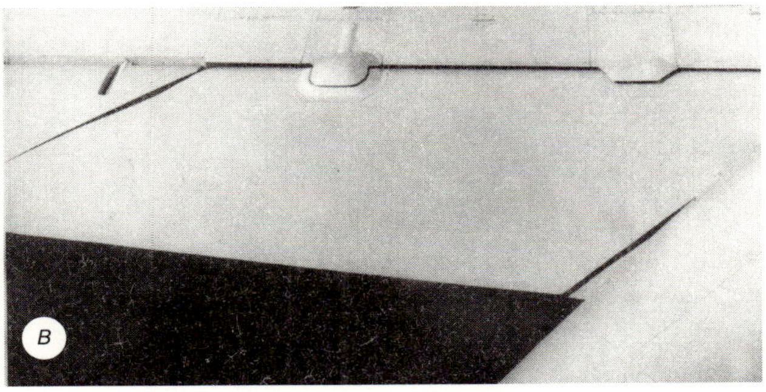

Стреловидное крыло самолета имело 1-ю и 2-ю отъемные части. По всей задней его кромке размещалась механизация (а). Между фюзеляжем и гондолами шасси располагались двухщелевые закрылки (б). Далее следовали элерон-закрылок (в) и элероны. Для предотвращения перетекания воздушного потока вдоль крыла на верхней части имелись аэродинамические перегородки. Поскольку на Ту-22К и Ту-22П была установлена упругая подвеска шасси, гондолу шасси пришлось доработать. В ее хвостовой части по обе стороны от линии симметрии появились две выколотки.

между центропланом и нервюрами №14, двух отъемных частей, занимающих участки от указанных нервюр №14 до концов крыла. Оно имеет разъемы по борту фюзеляжа между центропланом и средними частями крыла.

Конструкция у крыла кессонная. Отсек между лонжеронами является основной силовой частью — кессоном, который образуется стенками и поясами лонжеронов, верхней и нижней панелями.

Носок крыла выполнен съемным для возможности подхода к системе управления элеронами, элеронами–закрылками, электрожгутам и трубопроводам, смонтированным вдоль переднего лонжерона.

По всей протяженности хвостовой части крыла размещены двухщелевые закрылки, элероны–закрылки и элероны.

Двухщелевые закрылки подвешены на трех кронштейнах. Установка таких закрылков улучшает их об–

Оперение самолета включало киль с рулем направления (а) и цельноповоротные стабилизаторы большой площади (б).

текание в выпущенном положении и уменьшает срыв потока с их верхней поверхности.

Взлетно-посадочные устройства включают шасси и парашютную тормозную установку.

Шасси самолета выполнено по трехколесной схеме убирающимся в полете. Оно состоит из передней ноги, двух (правой и левой) главных ног и предохранительной хвостовой опоры. Хвостовая опора является элементом шасси, предохраняющим низ хвостовой части фюзеляжа от повреждений при случайных ударах о землю.

Уборка и выпуск носовой и главных ног шасси осуществляется первой гидросистемой, а в случае ее отказа — второй. В случае же выхода из строя обеих

Двигатели РД-7М2 располагались в гондолах, которые верхней своей частью крепились к пилону киля, а нижней — к фюзеляжу (а,б). На средней части имелись откидные крышки для доступа к агрегатам двигателя. Две верхние крышки были снабжены жалюзями для выхода воздуха, перепускаемого из компрессора двигателя. Сверху у шп.№9 на панели был закреплен патрубок эжекции, обеспечивающий продувку средней части гондолы двигателя. Между шп. №7 и 8 на панели устанавливался верхний патрубок продувки форсажной камеры. К нижней крышке, между шп.№8 и 9, крепился нижний патрубок продувки форсажной камеры. Конструкция воздухозаборника обеспечивала минимальные потери полного напора воздуха на входе в двигатели как на дозвуковых, так и на сверхзвуковых скоростях полета. Воздухозаборник, расположенный вблизи фюзеляжа, для выноса из зоны пограничного слоя был приподнят над его поверхностью. Каждый внутренний канал воздухозаборника представлял собой плавный диффузор.

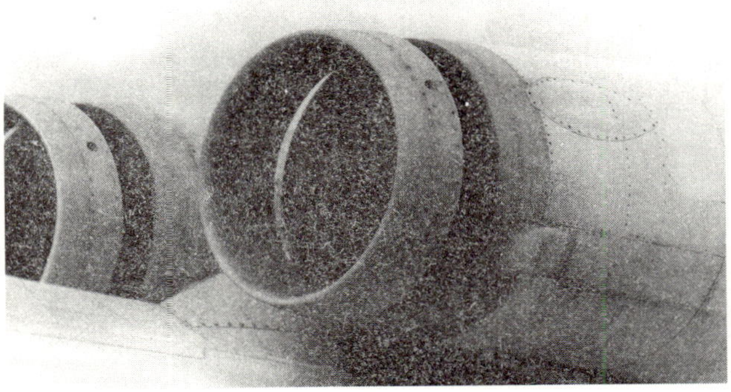

Кольцевой носок воздухозаборника длиной 300 мм выдвигался вперед вдоль оси канала на 188 мм, образуя кольцевую щель, через которую при отсутствии достаточного скоростного напора осуществлялось дополнительное поступление воздуха в канал воздухозаборника. За счет эффекта эжекции пограничного слоя носовой части воздухозаборника площадь входного сечения канала использовалась значительно полнее. При работе двигателя на земле, а также при взлете и посадке носки воздухозаборника выдвигались, а в полете убирались в исходное положение, это выполнялось автоматически по сигналам от датчиков, установленным на закрылках и амортизационной стойке правой ноги шасси.

Хвостовая часть гондолы двигателей, выполненная в виде отдельного агрегата, служила для размещения форсажных камер двигателей. Обтекатель хвостовой части гондолы располагался между гондолой и рулем направления. С правого борта в обшивке обтекателя имелись люки для доступа к электропроводам. В зоне стекателя газов находились камера прицела ТП-1 и хвостовой огонь ХС-57.

гидросистем аварийный выпуск шасси может производиться от третьей гидросистемы. Она начинает работать после выдвижения из крыла турбонасосов АТН–15 и выхода их на режим. Турбонасосы приводятся в действие (в выпущенном положении) встречным потоком воздуха.

Уборка и выпуск хвостовой опоры осуществляются электромеханизмом и сблокированы с уборкой и выпуском носовой ноги шасси.

Передняя нога имеет два управляемых колеса К2–100У с пневматическими шинами 1000×500.

На тележках главных ног установлены по четыре тормозных колеса КТ–76/4У с пневматическими шинами 1160×290.

Для уменьшения длины пробега при посадке применяется тормозной парашют ПТ–12024–69 с двумя куполами общей площадью 52 м^2., который размещен в специальном контейнере в хвостовой части самолета. Тормозной парашют выбрасывается из контейнера при посадке и в конце пробега отцепляется от самолета по команде летчика. Тормозной парашют рассчитан на посадочную скорость до 350 км/ч.

Для уменьшения длины разбега под внутренними частями крыла, между фюзеляжем и гондолами шасси могут быть подвешены четыре пороховых ускорителя.

В качестве **силовой установки** на самолетах Ту–22К используются два турбореактивных двигателя РД–7М2, созданных на базе двигателя ВД–7М. Каждый двигатель крепится к пилону шестью основными и одним дополнительным подкосами. Узлы крепления на двигателе расположены в двух поясах: переднем и заднем.

К агрегатам двигателя обеспечены удобные эксплуатационные подходы снизу и сверху через съемные крышки капотов. Управление двигателями осуществляется рычагами с пульта летчика при помощи системы тросов и тяг. Ресурс работы (до переборки) 400 часов.

Максимальная тяга двигателя РД–7М2 в высотных условиях (Н=11 000 м) при максимальной скорости полета больше максимальной тяги двигателя ВД–7М на 20%, а максимальная тяга на земле больше максимальной тяги двигателя ВД–7М на 500 кг.

Контейнер тормозного парашюта располагался за хвостовой опорой в нижней части фюзеляжа.

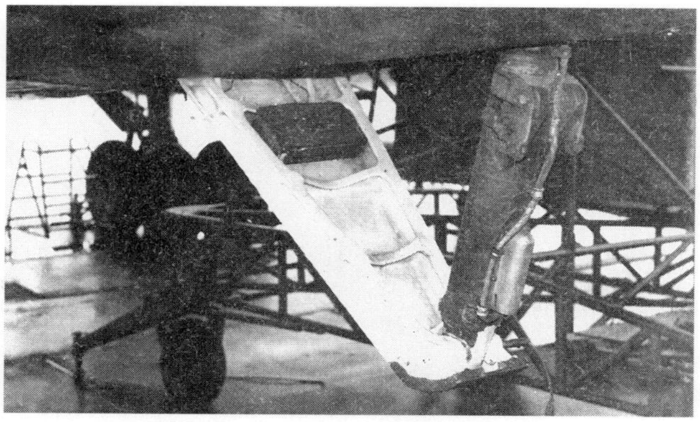

Хвостовая опора шасси в выпущенном положении.

Рост тяги двигателя достигнут благодаря:

- увеличению максимальных оборотов двигателя на максимальном бесфорсажном и всех форсажных режимах на 100 об/мин (до 7500 об/мин);
- введению новой, 1–й, ступени компрессора, обеспечивающей возможность установки лопаток входного направляющего аппарата на угол — 5° (вместо 10—13° у двигателя ВД–7М), что позволило увеличить расход воздуха через компрессор;
- увеличению температуры газа в форсажной камере и уменьшению суммарного коэффициента избытка воздуха;
- установке сверхзвукового реактивного сопла (выходного устройства).

Средства спасения и аварийного покидания. Экипаж имеет катапультируемые сиденья, выбрасываемые вниз (минимальная безопасная высота покидания самолета 350 м; максимальная перегрузка при катапультировании менее 8 единиц; время катапультирования около 7 сек).

При посадке самолета на землю с убранными шасси экипаж покидает самолет через аварийные люки, предусмотренные для каждого члена экипажа. При посадке на воду, после приводнения, летчик выбрасывает лодку ЛАС–5М–2, которая размещена на правом борту самолета.

Проблемы аэроупругости. Как и всякий сверхзвуковой самолет со стреловидным крылом Ту–22 имел две серьезные проблемы, связанные с полетами на больших скоростях, в значительной степени влияющие на безопасность полетов. Это различные формы флаттера (колебаний крыла и отклоняемых поверхностей) и реверс элеронов.

Основная форма флаттера, присущая самолету Ту–22, асимметричная шассийно–крыльевая. Основными параметрами, влияющими на величину скорости, при которой эта форма флаттера возникает, являются вес и жесткость крепления к крылу шасси.

Для обеспечения безопасности от флаттера вплоть до индикаторной скорости 1020 км/ч на самолете Ту–22 установлена так называемая «упругая подвеска» основного шасси со специальным гидравлическим демпфером. При этом противофлаттерные выносные грузы на концах крыла сняты.

Для предотвращения флаттера элеронов–закрылков установлены гидравлические демпферы.

Для предотвращения вынужденных колебаний элеронов и руля направления на них установлены фрикционные демпферы.

На больших скоростях полета в качестве органов поперечного управления используются элероны–закрылки. Элероны при этом находятся в нейтральном положении и заперты на замки. Использование элеронов-закрылков в качестве элеронов объясняется тем, что на скоростях полета более 600—800 км/ч (М=0,9) эффективность обычных элеронов падает. Это падение эффективности элеронов происходит в связи с упругой деформацией крыла, которая имеет место при отклонении элеронов. При некотором большом скоростном напоре упругие деформации крыла приводят к полной потере эффективности элеронов. Так как элерон–закрылок расположен на более жесткой части крыла (ближе к оси фюзеляжа самолета), то границу реверса удается резко отодвинуть в сторону больших скоростей.

Элерон–закрылок на взлете и посадке работает как закрылок.

Экипаж самолета Ту-22 располагался на катапультируемых креслах. Вход в герметичную кабину осуществлялся через нижние входные люки, расположенные под сиденьями. Для входа и выхода экипажа кресла опускались по рельсам при помощи ручного привода. Рукоятку, закрепленную в торце люка (см. передний люк на снимке а), вращал техник самолета. В процессе эксплуатации вместо ручного привода на самолеты стали устанавливать электрический. На снимке такой привод установлен на люке оператора.

В передней части кабины находилось катапультируемое кресло штурмана (б), в котором подставки для ног, в отличие от кресел летчика и оператора, располагались ближе к середине. Чашки сидений регулировались по высоте и были рассчитаны под парашют С3-3И серии 2. Сиденья имели телескопические стреляющие механизмы, которые обеспечивали безопасный выход из кабины на всем диапазоне скоростей самолета. Подготовка к катапультированию слагалась из трех операций: опускания светофильтра защитного шлема, перемещения рычага изготовки и нажатия на ручку выстрела. Операции переключения кислородного питания, отделения от кресла после катапультирования и раскрытия парашюта были полностью автоматизированы. Сиденья укомплектованы носимыми аварийными запасами НАЗ-7.

На снимке в — катапультируемое кресло летчика со снятой парашютной системой, в котором ограничители разброса ног и рук установлены в положение для катапультирования. Сиденья снабжены автоматически открывающимися стабилизирующими щитками в зоне подголовника, которые придавали устойчивое положение в воздухе. У летчика и штурмана стабилизирующие щитки при выходе из кабины открывались пружинами и воздушным потоком, а у оператора были установлены в открытом положении неподвижно. На сиденьях предусмотрена автоматическая фиксация корпуса, рук и ног. Лицо закрывалось от действия скоростного напора кислородной маской КМ-32 и светофильтром защитного шлема ЗШ-3М.

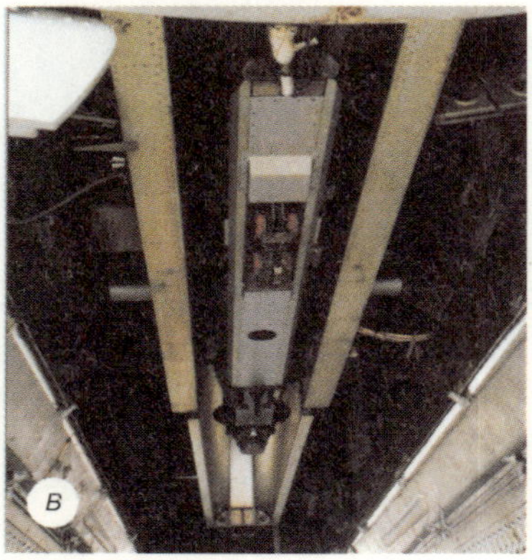

Для подвешивания ракеты служит блок подвески, который представляет собой каркас клепаной конструкции (а, б). Внутри каркаса закреплен балочный держатель БД-294 (в), на который подвешивается ракета. С внешней стороны на каркасе установлены агрегаты систем охлаждения и обогрева ракеты и электроагрегаты системы управления ракетным вооружением.

Балочный держатель имеет два положения — нижнее и верхнее. В нижнее положение он устанавливается при подвешивании ракеты на земле и пуске ее в воздухе, занимая при этом положение под углом 1° вниз по полету по отношению к продольной оси самолета.

Верхнее положение держателя является походным. В убранном положении он располагается параллельно оси самолета. Уборка и выпуск держателя осуществляется гидроподъемником.

Шасси самолета Ту-22 включает носовую стойку (а), основные стойки шасси (б) и хвостовую опору.

Ту–22К, вид сверху

Ту–22К, вид спереди

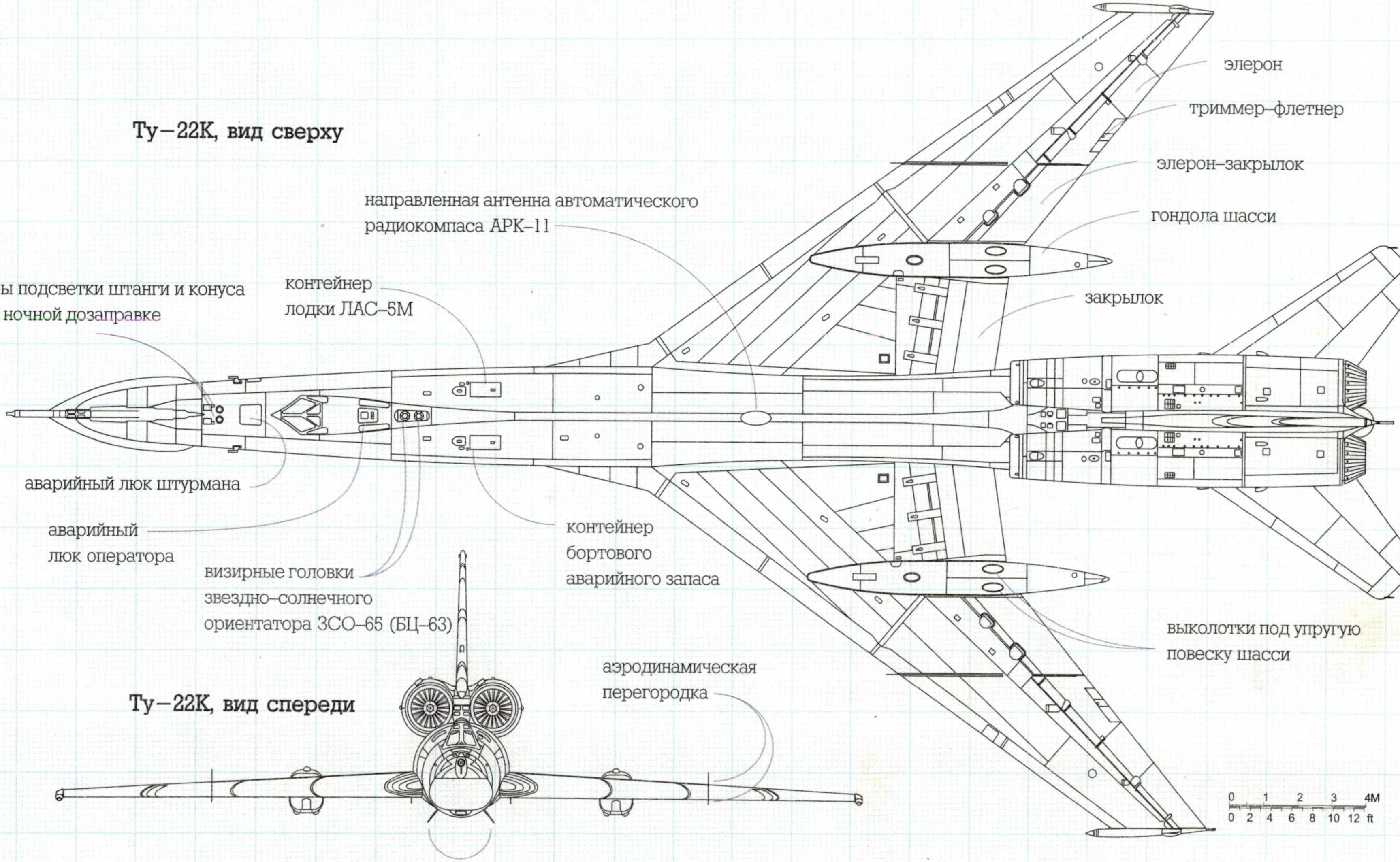

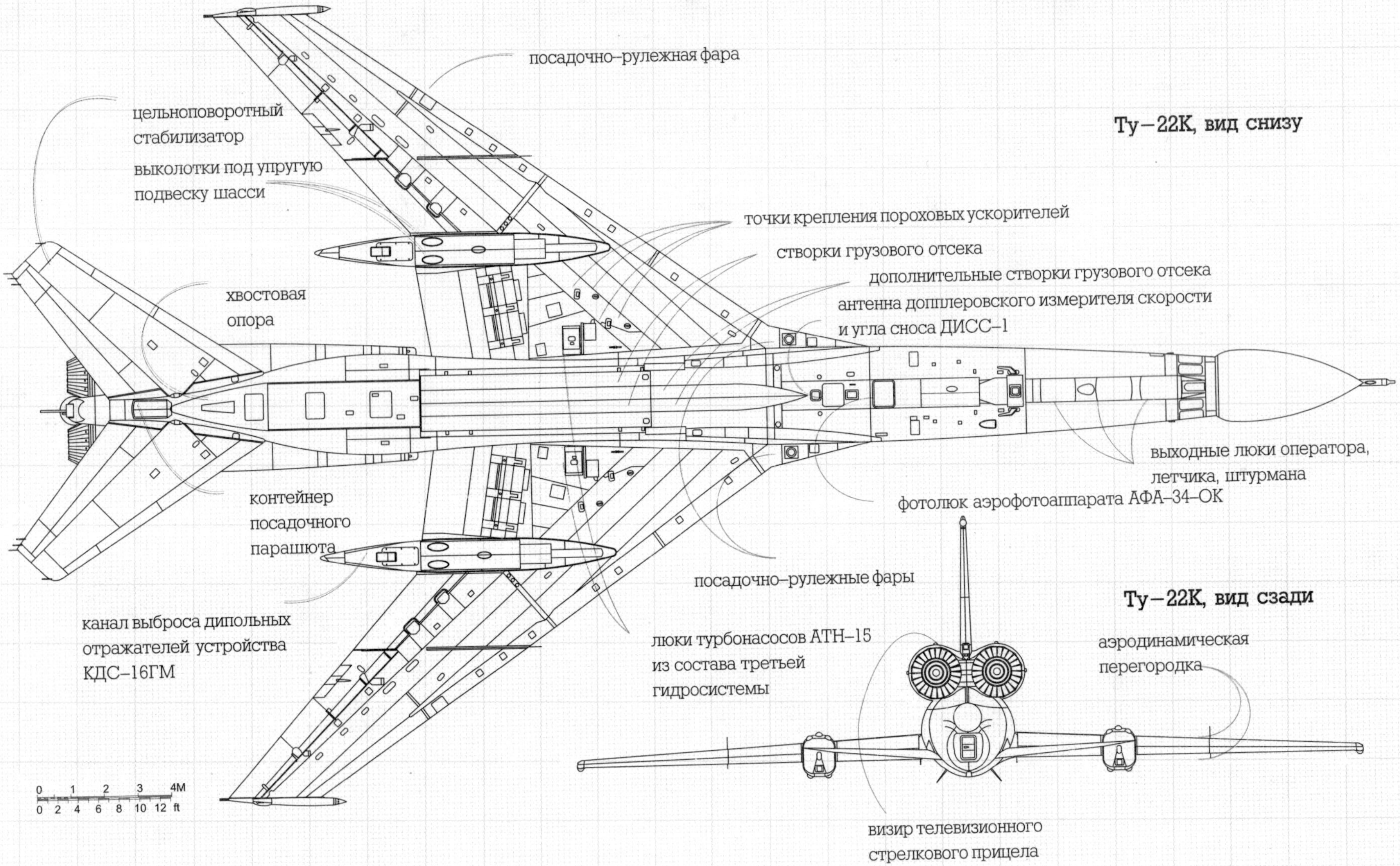
Ту–22К, вид снизу
посадочно–рулежная фара
цельноповоротный
стабилизатор
выколотки под упругую
подвеску шасси
точки крепления пороховых ускорителей
створки грузового отсека
дополнительные створки грузового отсека
антенна допплеровского измерителя скорости
и угла сноса ДИСС–1
хвостовая
опора
выходные люки оператора,
летчика, штурмана
фотолюк аэрофотоаппарата АФА–34–ОК
контейнер
посадочного
парашюта
посадочно–рулежные фары
канал выброса дипольных
отражателей устройства
КДС–16ГМ
0 1 2 3 4М
0 2 4 6 8 10 12 ft
Ту–22К, вид сзади
люки турбонасосов АТН–15
из состава третьей
гидросистемы
аэродинамическая
перегородка
визир телевизионного
стрелкового прицела

Ту–22К, правый борт

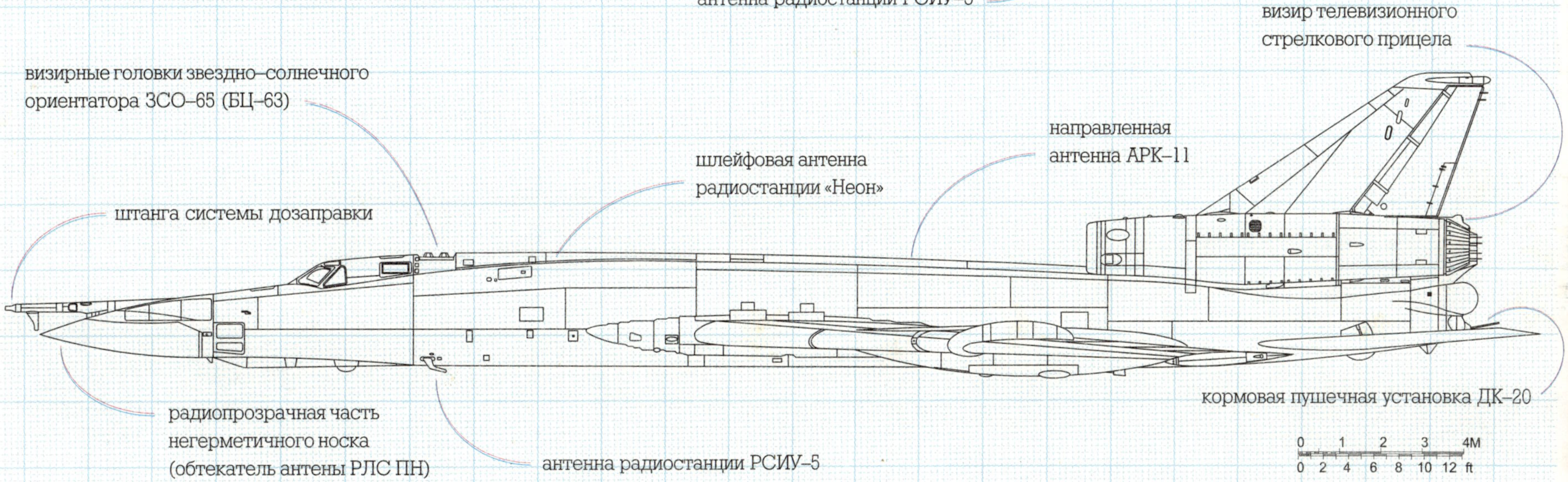

Ту–22К, левый борт

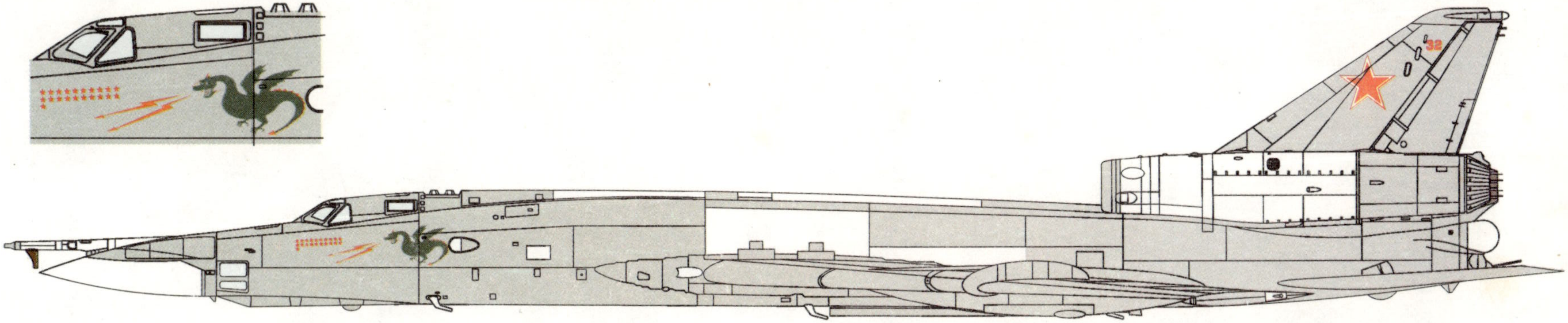

Ту–22П третьей эскадрильи 341–го тбап. Аэродром Озерное.
Самолет участвовал в боевых действиях в Афганистане,
о чем свидетельствуют красные звезды на борту самолета.

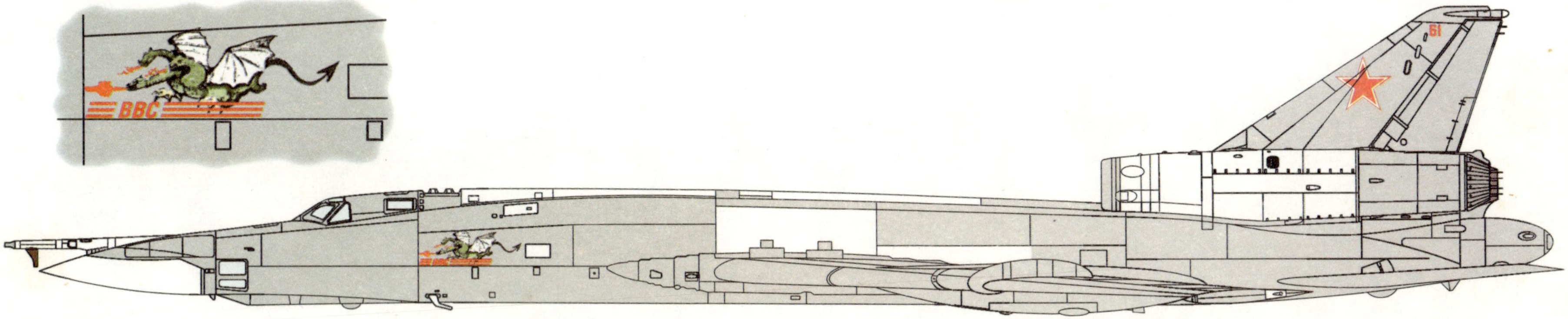

Ту–22К, 341–й тбап. Аэродром Озерное.

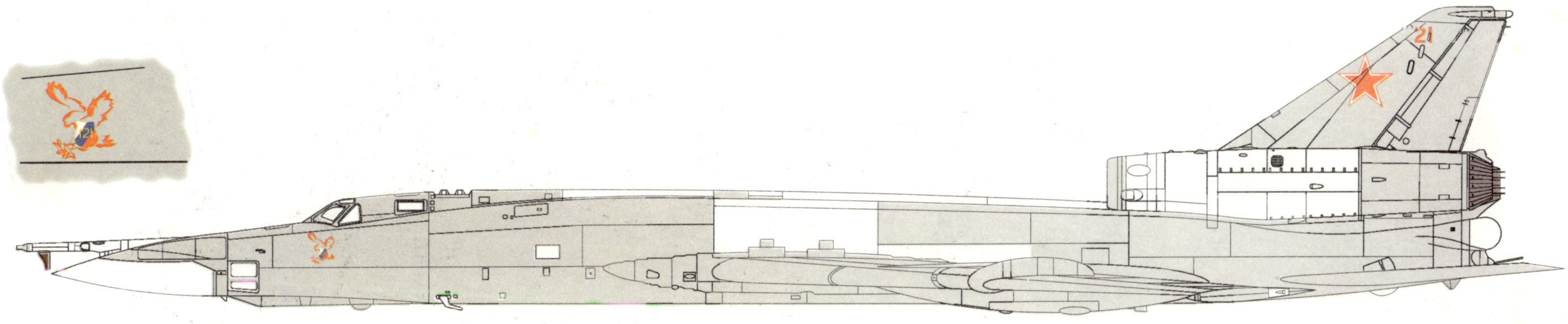

Ту–22К второй эскадрильи 121–го тбап. Аэродром Мачулищи.

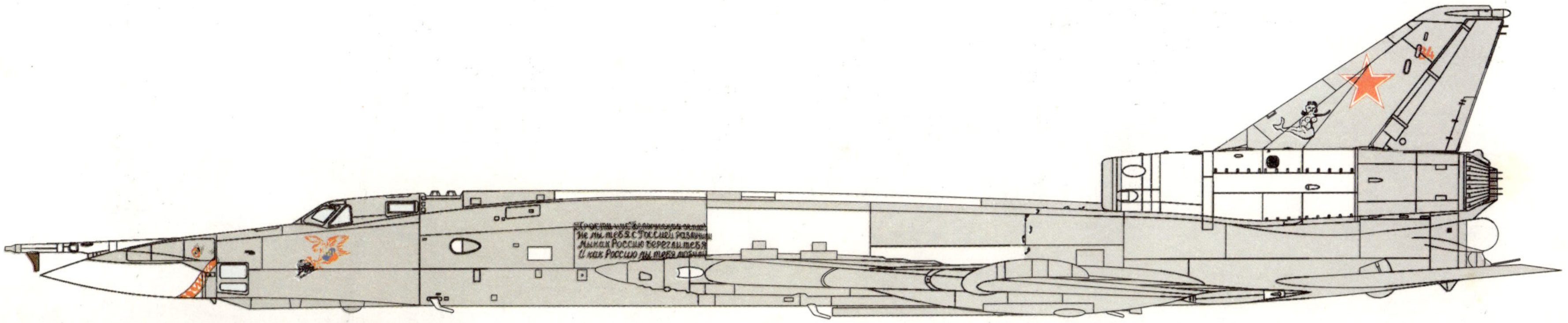

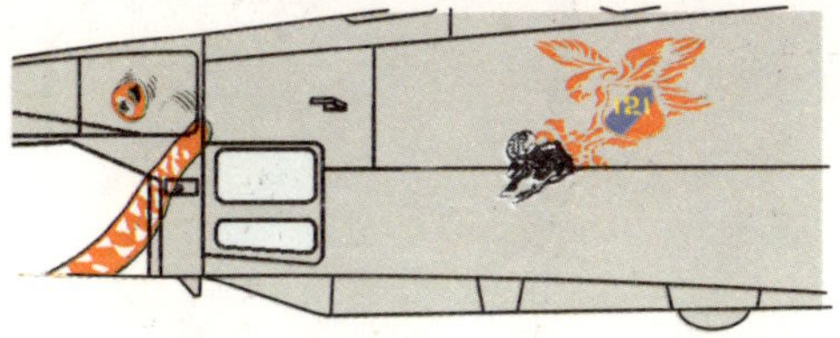

Ту–22П третьей эскадрильи 121–го тбап. Аэродром Мачулищи.

Фрагмент штурманской карты полета на пуски ракет по 600-му полигону (из архива). Желтая полоса обозначает зону наведения ракеты. Красная зона на желтой полосе определяет район отцепки ракеты от самолета.

ВООРУЖЕНИЕ

Ракетоносец Ту-22К с подвешенной ракетой Х-22ПСИ. Как и во всех ВВС, в полках 46-й ВА не реже одного раза в месяц проводились тренировки по подвешиванию ракет к самолету. На снимке запечатлен один из моментов такой тренировки. Предположительно 203-й тбап. Аэродром Барановичи.

С тех пор как начали создаваться авиационные управляемые ракеты, на вооружение принимаются не самолет или ракета в отдельности, а целый комплекс. Не был исключением и Ту–22К. На вооружение принимался не самолет, а система дальнего действия К–22, которая включала кроме самолета–носителя Ту–22К систему радиоуправления К–22; крылатую ракету Х–22; контрольно–измерительную аппаратуру и средства наземного обеспечения.

Система радиоуправления К–22 состоит из установленной на борту самолета РЛС ПН, сопряженной с центральным навигационно–вычислительным устройством ЦНВУ–Б–1Б и радиоэлектронной и навигационной аппаратуры крылатой ракеты.

Радиолокационная станция ПН, размещенная в носовой части самолета Ту–22К, в комплексе с ракетным и навигационно–бомбардировочным оборудованием самолета обеспечивает выполнение следующих задач в простых и сложных метеоусловиях (днем и ночью):

- радиолокационную ориентировку на местности, поиск, обнаружение и выбор для атаки радиолокационно–контрастных наземных (надводных) целей. При этом высоты полета могут находиться в диапазоне от 1000 м до практического потолка, а дальность до целей может быть для цели типа крейсер до 350 км; для площадных целей (квадрат 10×10 км) до 500 км.

На высотах полета менее 1000 м применение станции ПН для целей радиолокационной ориентировки возможно, но затруднено из–за влияния фона земной поверхности;

- ввод необходимых данных в аппаратуру ракеты при ее подготовке к пуску;
- прицельное бомбометание на дозвуковых и сверхзвуковых скоростях полета с прицеливанием: по радиолокационно видимой цели с высот от 2000 м до практического потолка; по радиолокационно невидимой цели с высот от 10 000 м до практического потолка;
- радиолокационную коррекцию текущих координат самолета, счисляемых аппаратурой ЦНВУ–Б–1Б, и расшифровку неопознанных радиолокационных ориентиров;
- определение государственной принадлежности целей (при совместной работе с аппаратурой «Латунь»).

На начальном этапе эксплуатации в состав **комплекса К–22** входили две модификации ракеты Х–22: Х–22ПГ и Х–22ПСИ.

Крылатая ракета Х–22ПГ (Изделие 88) имела головку самонаведения — аппаратуру ПГ. Головка самонаведения ПГ представляет собой РЛС, которая предназначена, совместно с автопилотом ракеты АП–7МЦ, осуществлять наведение ее на цель. Захват цели головкой самонаведения производится до пуска ракеты по целеуказанию от РЛС ПН самолета–носителя.

Крылатая ракета Х–22ПСИ (Изделие 102) имела автономную допплеровскую систему радиоуправления — аппаратуру ПСИ. Допплеровская система радиоуправления этого варианта крылатой ракеты предназначена для автономного управления ею в процессе полета. Это обеспечивает скрытое приближение ракеты к цели. Перед стартом ракеты в аппаратуру ПСИ вво–

ТУ-22К

В отличие от других модификаций на самолете Ту-22К устанавливалась РЛС ПН. Поскольку антенна этой станции была больше, чем у РЛС «Рубин», ее обтекатель был увеличен и у самолета появились «пухлые щеки».

дятся и запоминаются на все время ее полета следующие данные: начальная дальность «ракета–цель»; начальный бортовой пеленг цели; географическая широта места старта ракеты.

После старта аппаратура ракеты, работая автономно, обеспечивает управление ракетой по курсу и дальности.

В процессе совершенствования носителя крылатой ракеты были приняты на вооружение новые варианты ракеты Х–22.

Система К–22 теперь включала крылатые ракеты Х–22М, Х–22МА класса «воздух–поверхность».

Ракета Х–22М имела аппаратуру управления, состоящую из активной головки самонаведения ПГ и работала аналогично системе управления ракеты Х–22ПГ. Она была предназначена для нанесения ракетных ударов по радиолокационно контрастным точечным и площадным наземным целям, а так же по морским подвижным и неподвижным целям в открытом море и вблизи береговой черты.

Ракета Х–22МА имела аппаратуру управления, состоящую из автономного допплеровского счислителя пути ПСИ и автопилота АПК–22А. Счислитель пути ПСИ обеспечивал управление ракетой по курсу и дальности. Перед пуском ракеты в аппаратуру ПСИ вводился ряд параметров цели и трассы полета ракеты. Обнаружение цели осуществлялось с помощью РЛС ПН самолета–носителя.

Ракета Х–22МА была предназначена для нанесения ракетных ударов по площадным наземным и морским целям.

Активное развитие наземных радиолокационных средств обнаружения привело к созданию специальных средств борьбы с РЛС противника.

Так на вооружении появился **комплекс К–22П**, включавший ракету Х–22МП класса «воздух–РЛС».

Ракета Х–22МП (Изделие 103) предназначалась для нанесения ракетных ударов по наземным и корабельным импульсным РЛС. При этом поиск и наведение ракеты на цель осуществлялись новой систе-

Ракета в положении перед спуском

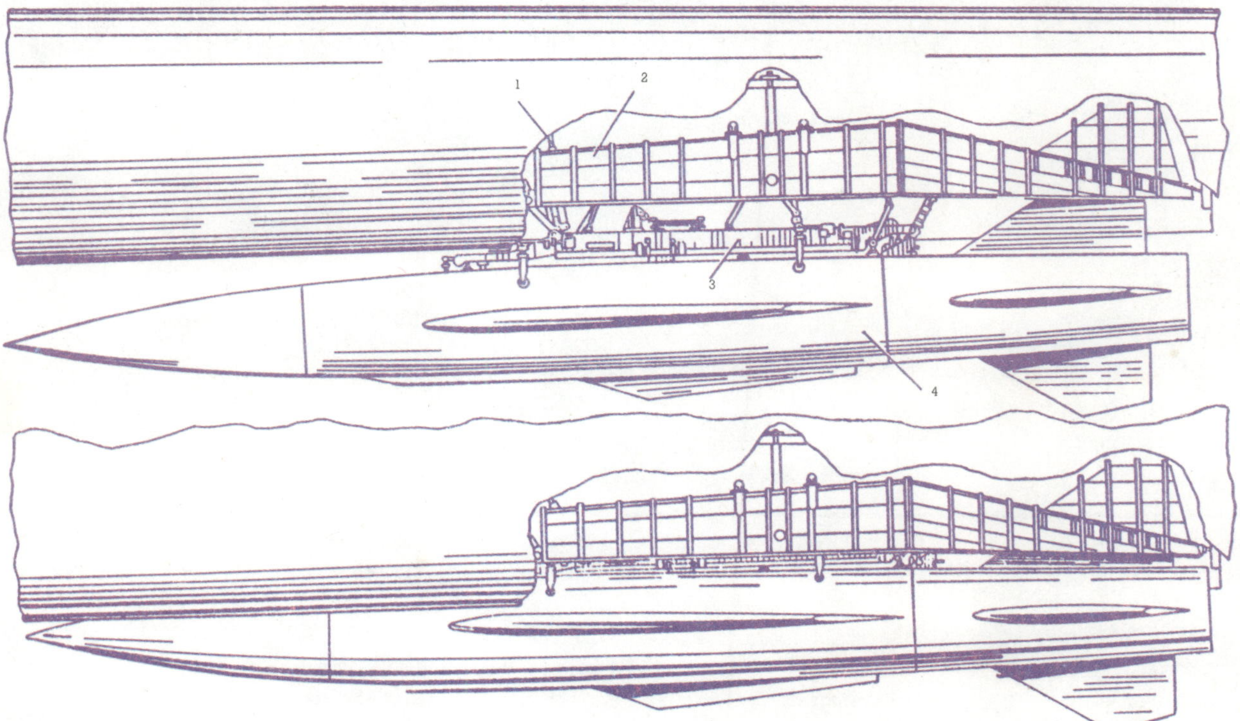

Ракета в походном положении

Общий вид подвески крылатой ракеты Х-22: 1—гидроподьемник, 2—каркас блока подвески, 3—балочный держатель БД-294, 4—ракета.

мой целеуказания и разведки «Курс–НМ», установленной на самолете.

Для подвешивания этой ракеты служит блок подвески, который представляет собой каркас клепаной конструкции. Внутри каркаса закреплен балочный держатель БД–294, на который подвешивается ракета.

Основное управление ракетным вооружением сосредоточено в кабине штурмана.

Самолет Ту–22К может быть использован как бомбардировщик дальнего действия для нанесения удароз по стратегическим объектам противника обычными бомбами калибра от 100 до 9000 кг или специальными бомбами. При этом нормальный вариант загрузки составляет 3 т, перегрузочный — 9 т. Самолет Ту–22К в варианте бомбардировщика имеет следующие отличия от самолета Ту–22К — носителя ракет:

- сняты блок подвески с балочным держателем БД–294 и электрощитки управления системы подвески крылатой ракеты Х–22;
- установлен кассетный держатель КД–3 или КД–4 (в зависимости от варианта загрузки);
- установлены электрощитки системы бомбардировочного вооружения;
- предусмотрена установка автомата АПП–22.

Переоборудование самолета–носителя в бомбардировщик осуществляется в условиях строевых частей.

В этом случае авиабомбы подвешиваются в бомбовом отсеке самолета, т. к. наружной подвески он не имеет. В его грузоотсеке постоянно находится балочный держатель БД6–105А.

В состав бомбардировочного вооружения входят: навигационно–бомбардировочная система НБС; система подвески, подъема и управления сбрасыванием бомб; комплекты авиабомб.

НБС состоит из РЛС ПН, сопряженной с ЦНВУ–Б–1Б, навигационно–пилотажной аппаратуры (КС–6А, ЦСВ–1М, БЦ–63А, АП–7МЦ, «Путь–4К», ЦГВ–5), оптического бомбового прицела ОПБ–15. Последний позволяет осуще–

Кроме тренировок на земле, экипажи Ту-22К выполняли полеты с учебными ракетами Х-22 для осуществления тактических пусков по учебным целям. На снимке Ту-22К с ракетой Х-22ПГ на магистральной рулежной дорожке.

ствлять бомбометание на высоте от 2000 м до 23 000 м над уровнем моря.

Навигационно–бомбардировочная система НБС самолета Ту–22К в варианте бомбардировщика обеспечивает прицельное бомбометание с горизонтального полета днем и ночью, в простых и сложных метеоусловиях, на дозвуковых и сверхзвуковых скоростях полета (до М=1,4) с прицеливанием: по радиолокационно и визуально видимым целям с высот от 2000 до 13 500 м; по радиолокационно невидимым целям с высот от 10 000 до 13 500 м

При использовании самолета в варианте бомбардировщика для подвешивания авиабомб калибра 100, 250, или 500 кг применяются четыре кассетных держателя КДЗ–22Р и два кассетных держателя КДЗ–105А. Они устанавливаются по бортам бомбоотсека — по два в каждом ряду.

Подвешивание авиабомб калибра 1500, 1500–2600ТС и 3000 кг производится на кассетные держатели КД4–105А, а калибра 5000, 9000 кг и всех специзделий — на балочный держатель БД6–105А.

Отдельные варианты загрузки предусматривают установку автомата пассивных помех АПП–22 за счет уменьшения количества подвешиваемых авиабомб.

На самолете установлена система обороны и опознавания, состоящая из: кормовой подвижной установки ДК–20 (ДК–21); аппаратуры СПО–3 (Сирена–3) или СПО–10 (Сирена–3М); аппаратуры опознавания СРЗО–2М; устройств КДС–16ГМ и АПП–22 для создания пассивных радиопомех.

Кормовая подвижная установка ДК–20 с одной пушкой 261П калибра 23 мм обеспечивает отражение атак истребителей сзади, при полете ночью и в облаках, а также создание ложных целей для РЛС противника при снаряжении пушки специальными снарядами.

Углы поворота ДК–20 вправо, влево, вверх, вниз составляют 30°30′.

Станция ПРС–3 (ПРС–4) обеспечивает обнаружение атакующих истребителей типа МиГ–19 при скорости сближения 100 м/с на расстоянии 6500 м (7400 м) и захват их на расстоянии 3000 м (5300 м). На самолетах с № 4503 вместо ПРС–3 устанавливалась модифицированная станция ПРС–4.

Дальность обнаружения атакующих истребителей типа МиГ–19 с помощью прицела ТП–1А составляет 3000 м, а дальность прицеливания — от 400 до 2000 м.

Станция предупреждения об облучении СПО–3 предупреждает экипаж об облучении самолета РЛС противника. На машинах последних выпусков вместо СПО–3 устанавливается станция СПО–10, которая по своей схеме и техническим данным не отличается от СПО–3, но вес ее значительно меньше.

Самолетная станция СРЗО–2М, представляющая собой радиолокационный запросчик–ответчик, предназначена для определения государственной принадлежности самолета Ту–22К при опросе наземными, корабельными и самолетными радиотехническими

Стыковка ракеты с соответствующими системами самолета осуществляется с помощью разъемов и клапанов, установленных на балочном держателе БД-294. При пуске (отцепке) ракеты расстыковка происходит автоматически. Ракеты к самолету подвозят на специальной тележке АТ-22. Тележка имеет два ложемента (передний и задний), на которые укладывается ракета. На снимке ракета Х-22ПСИ под Ту-22К (а,б).

средствами, а также для опознавания воздушных целей, обнаруженных бортовой прицельной станцией ПРС–3(ПРС–4).

Самолетный радиолокационный запросчик дальнего опознавания СРЗ–10М предназначен для определения государственной принадлежности кораблей, обнаруженных радиолокационной станцией ПН.

Автоматы КДС–16ГМ («Автомат–2») и АПП–22 («Автомат–3») предназначены для создания помех в работе радиолокационных средств противника и также входят в состав средств защиты самолета. При постановке пассивных радиолокационных помех на экранах РЛС противника появляются мощные засветки (ложные цели).

Под кабиной штурмана перед антенной III диапазона системы государственного опознавания расположен люк визирной головки оптического бомбового прицела ОПБ-15.

Часть самолетов Ту-22К в процессе эксплуатации была оборудована новыми средствами обороны: вместо кормовой пушечной установки, радиолокационного и телевизионного прицелов на них установили автоматические станции радиопомех СПС-100 («Резеда-А») и СПС-5 («Фасоль-1»).

В хвостовой части фюзеляжа Ту-22К и Ту-22П находилась кормовая подвижная установка ДК-20 или ДК-21. Пушка 261П с начальной скоростью снаряда 850±10 м/с и темпом стрельбы 2000—2500 выстрелов в минуту имела боезапас 500 патронов. Наведение оружия на цель осуществлялось при помощи радиолокационной прицельной станции ПРС-3 (или ПРС-4) и телевизионного прицела ТП-1А, связанных с кормовой установкой агрегатами автоматического управления. При замене станции ПРС-3 на ПРС-4 кормовая установка получала наименование ДК-21 и отличалась только конструктивным исполнением антенны. Станция ПРС размещалась между пушкой и двигателями, телевизионный прицел ТП-1 — под рулем направления между соплами двигателей.

Аппаратура пассивных радиолокационных помех КДС–16ГМ в составе двух кассетных держателей располагается в гондолах шасси. КДС–16ГМ предназначен для несения (размещения) и автоматического сбрасывания дипольных отражателей из металлического стекловолокна (алюминиевой фольги) с целью создания помех РЛС. Управление КДС–16ГМ осуществляется автоматически от станции СПО–3 или вручную воздушным оператором.

Аппаратура пассивных радиолокационных помех АПП–22 устанавливается в грузовом отсеке фюзеляжа. Она предназначена для создания помех как наземным и корабельным РЛС противника, так и самолетным станциям перехвата и прицеливания. Управление ею осуществляется вручную воздушным оператором.

На ряде самолетов Ту–22К вместо кормовой пушечной установки, радиолокационного и телевизионного прицелов установлены автоматические станции радиопомех СПС–100 («Резеда–А») и СПС–5 («Фасоль–1»).

Средствами обороны управляет воздушный оператор, в кабине которого размещены все оперативные блоки комплекса обороны кроме пульта управления и оптического индикатора станции предупреждения об облучении, установленных в кабине летчика. Звуковой сигнал предупреждения подается через СПУ–7 и УКВ радиостанцию всем членам экипажа.

— ОСОБЕННОСТИ ОБОРУДОВАНИЯ ТУ-22П —

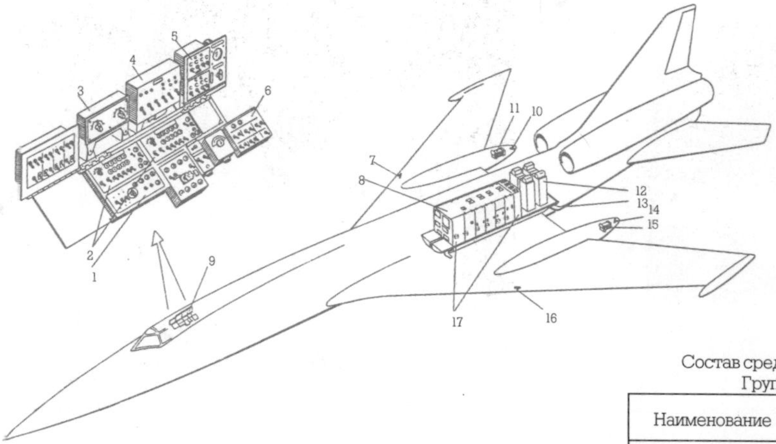

Состав средств радиопротиводействия самолета
Групповая защита боевого порядка

Наименование	Пульты управления	Количество комплектов
Станция СПС–44	1	1
Станция СПС–55	1	1
Станция СПС–4М	1	1 (из двух сменных передатчиков)
Станция АПП–22	2	1 (из двух бункеров)

Индивидуальная защита самолета
(штатное оборудование самолета Ту–22Р)

Наименование	Станция СПО–3	Устройство КДС–16ГМ
Количество комплектов	1 комплект	1 комплект из двух бункеров

Размещение средств радиопротиводействия на самолете Ту-22П-1: 1 — пульт управления КДС–16ГМ; 2 — пульт управления устройства АПП–22; 3 — пульт управления станции СПС–44; 4 — пульт управления СПС–55; 5 — пульт управления станции СПС–4М; 6 — пульт управления станции СПО–3; 7 — передняя антенна станции СПО–3; 8 — контейнер с аппаратурой СПС–44, СПС–55 и СПС–4М; 9 — панель управления воздушного оператора; 10 — антенна станции СПС–3; 11 — бункер КДС–16ГМ; 12 — бункеры устройства АПП–22; 13 — антенна станции СПС–4М; 14 — антенна станции СПО–3; 15 — бункер КДС–16ГМ; 16 — передняя антенна станции СПО–3; 17 — антенны станции СПС–44 и СПС–55.

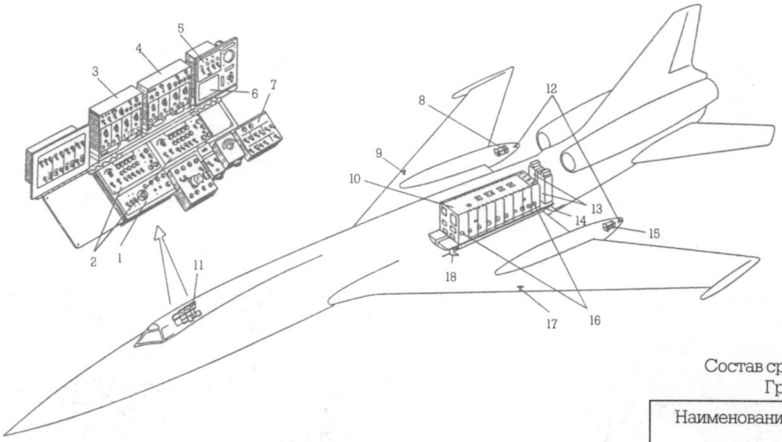

Состав средств радиопротиводействия самолета
Групповая защита боевого порядка

Наименование	Пульты управления	Количество комплектов
Станция СПС–77	1	1 (из шести сменных передатчиков)
Станция СПС–4М	1	1 (из двух сменных передатчиков)
Станция СПС–5	1	1 (из двух сменных передатчиков)
Станция АПП–22	2 с блок–приставкой	2 (из четырех бункеров)

Индивидуальная защита самолета
(штатное оборудование самолета Ту–22Р)

Наименование	Станция СПО–3	Устройство КДС–16ГМ
Количество комплектов	1 комплект	1 комплект из двух бункеров

Размещение средств радиопротиводействия на самолете Ту-22П-2: 1 — пульт управления КДС–16ГМ; 2 — пульт управления устройств АПП–22; 3 — блок–приставка к управлению устройств АПП–22; 4 — пульт управления СПС–77; 5 — пульт управления станции СПС–4М; 6 — пульт управления станции СПС–5; 7 — пульт управления станции СПО–3; 8 — бункер КДС–16ГМ; 9 — передняя антенна станции СПО–3; 10 — контейнер с аппаратурой СПС–77, СПС–4М, СПС–5; 11 — панель управления воздушного оператора; 12 — задние антенны станции СПО–3 ; 13 — устройства АПП–22 (два комплекта); 14 — антенна станции СПС–4М; 15 — бункер КДС–16ГМ; 16 — антенны станции СПС–77; 17 — передняя антенна станции СПО–3; 18 — антенна станции «Фасоль–1».

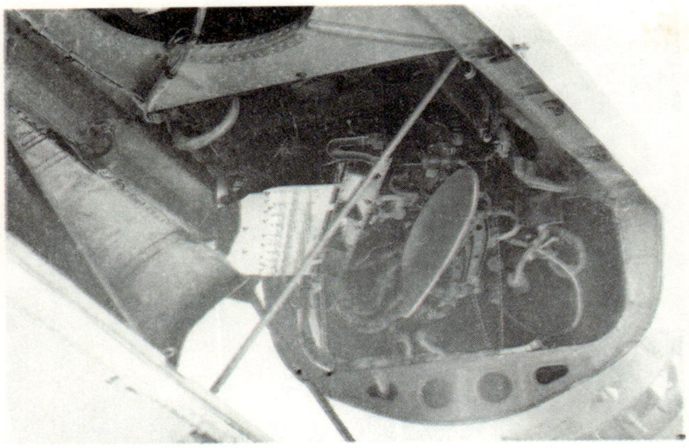

РЛС «Рубин» устанавливалась на самолетах Ту-22Р и Ту-22П всех модификаций.

Воздухозаборник системы охлаждения контейнера средств радиопротиводействия самолета Ту-22П.

Дополнительные створки грузового отсека в закрытом состоянии. Между выходными патрубками системы охлаждения располагается канал выброса пассивных помех автомата АПП-22.

Доступ к контейнерам средств радиопротиводействия в процессе эксплуатации облегчают дополнительные створки грузового отсека самолета Ту-22П. На них установлены антенны станций СПС-4М и «Фасоль-1».

Контейнер средств радиопротиводействия одной из модификаций Ту-22П. Дополнительные створки в открытом (а) и закрытом положении (б).

В гондолах шасси устанавливались средства индивидуальной защиты самолета, представляющие собой устройства выброса пассивных помех КДС-16ГМ. Выводные каналы бункера находились в нижней части гондолы шасси (а). Часть самолетов Ту-22П в процессе эксплуатации была оборудована блоками выброса тепловых ловушек АСО-2, которые располагались в гондолах шасси за выводными каналами бункера устройства выброса пассивных помех КДС-16ГМ (б).

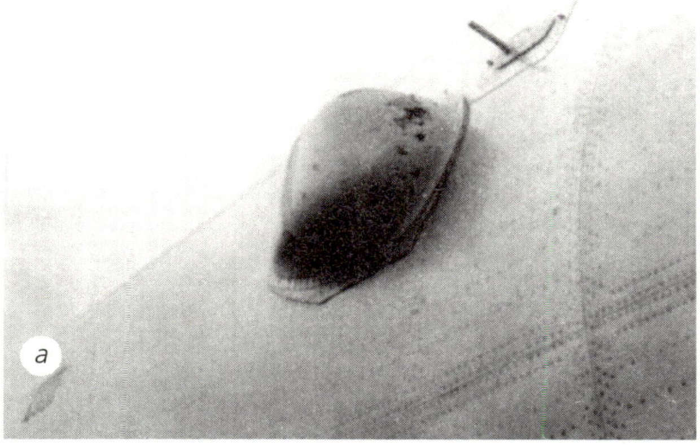

Часть самолетов Ту-22П в процессе эксплуатации была оборудована станцией активных помех «Сирень». Приемная антенна передней полусферы станции (а) располагалась на фюзеляже позади кабины оператора. Передающая и приемная антенны задней полусферы устанавливались на месте снятой кормовой пушечной установки (б).

В ВОЗДУХЕ И НА ЗЕМЛЕ

При взлете с малым полетным весом (до 70–72 т) отрыв самолета от ВПП происходил в процессе создания взлетного угла тангажа, зафиксировать который можно только после отрыва (при разгоне с набором высоты). Если же взлет Ту-22 происходил с большим полетным весом, то летчик создавал и фиксировал нормальный (8–9°) угол тангажа, когда самолет еще катился по ВПП на основных стойках шасси. Отрыв самолета происходил после достижения необходимой скорости. По условиям прочности колес шасси допустимая скорость самолета в момент отделения от ВПП носового колеса не должна была превышать 360 км/ч, колес основных ног шасси – 420 км/ч. После отрыва самолет устойчив и хорошо управляем.

Самолеты Ту–22К и Ту–22П стали поступать на вооружение в середине 60–х гг. К этому времени был уже накоплен большой опыт эксплуатации предыдущей модификации — Ту–22Р, проведен ряд доработок.

Ту–22К, поступавшие с авиастроительного завода, были оборудованы системой дозаправки топливом в полете, новыми двигателями РД–7М2, элеронами–закрылками, системой упругой подвески шасси, автоматом устойчивости АУ, автоматом дополнительных усилий АДУ, ограничителем скорости перемещения штурвала и системой приведения в нейтраль штоков рулевых агрегатов СПН. Освоение новой техники к концу 60–х гг. было практически закончено. На этом эпоха массового переучивания летчиков для полетов на Ту–22 закончилась и полки приобрели стабильный личный состав.

Картина пополнения летного состава в 70—80–е гг. была типичной для тех лет. В авиаполки, имевшие на вооружении Ту–16, приезжали штабные работники, которые предлагали летчикам перейти на новый самолет. Обычно это делалось на совещаниях. Для того чтобы стать кандидатом на место за штурвалом Ту–22, летчик, кроме желания, должен был иметь летную квалификацию 1–го или 2–го класса, занимать должность командира корабля и удовлетворять определенным медицинским требованиям (в частности по росту). Месяца через полтора–два приходил приказ — откомандировать кандидатов, изъявивших желание летать «на самом грозном самолете дальней авиации», в штаб 46–й ВА ВГК в Смоленске. Здесь собирались офицеры из разных гарнизонов — Шайковки, Прилук, Балбасова, Стрыя и т.д. Также сюда приезжали летчики, самостоятельно решившие связать судьбу с Ту–22. Но были случаи, когда командование полков, желая избавиться от «неудобных», направляло их в Смоленск в так называемом добровольно–принудительном порядке. Обычно заместитель командующего лично занимался отбором тех, кто будет летать на этом самолете. В их число редко попадали офицеры, не хотевшие летать на Ту–22. Не уверенные в себе кандидаты отказывались сразу, еще в штабе армии. Остальные возвращались в свои полки и продолжали летать, ожидая приказа о переводе. Такой подход позволял сохранить высокую летную подготовку летчиков.

По прошествии одного–двух месяцев отобранные кандидаты приезжали на курсы переучивания, уже

Посадка Ту-22П (заводской № 3303). Вот как сложность процесса посадки описывает инструкция летчику самолета Ту-22 (раздел «Посадка самолета с весом 60 т и менее»): «После пролета БПРМ (ближнеприводного радиомаяка — ***С. Б.****) приступить к плавному уменьшению оборотов, так чтобы к началу выравнивания скорость была 360—370 км/ч. Увеличение оборотов для уточнения расчета после пролета БПРМ нежелательно, так как это усложняет посадку. При правильном выдерживании глиссады точка выравнивания должна проектироваться на удалении 300—500 м от начала ВПП. Учитывая фактический посадочный вес самолета, перед выравниванием еще раз убедиться, что скорость полета равна 360—370 км/ч. Увеличение посадочной скорости выше указанной приводит к увеличению посадочной дистанции. Допускать скорость менее 360 км/ч запрещается. Выравнивание начинать на высоте 10—15 м с плавным уменьшением оборотов до оборотов малого газа. При дросселировании двигателей самолет имеет тенденцию к увеличению угла тангажа, что может привести к высокому выравниванию. Поэтому это стремление к увеличению угла тангажа летчику необходимо парировать. Выравнивание заканчивать на высоте 1—1,5 м. Выдерживание самолета над землей производить с постепенным снижением так, чтобы произвести мягкое приземление на основные колеса шасси».*

зная, в какие полки они будут распределены после окончания.

В течение всего периода подготовки кадров для полетов на Ту-22К места проведения курсов несколько раз менялись. Сначала это был Центр боевого применения и переучивания летного состава дальней авиации (ЦБП и ПЛС) в Дорохово под Рязанью; затем учебный авиационный центр в Зябровке под Гомелем, и наконец — центральные офицерские курсы (ЦОК) в Мачулищах под Минском. Переход к обучению летчиков на курсах, организованных непосредственно в полку, был логически оправданным. Самолетами Ту-22К были вооружены всего три полка дальней авиации. Личным составом они были укомплектованы, и пополнение требовалось лишь тогда, когда службу заканчивали отдельные летчики. Держать преподавателей в ЦБП и ПЛС под такое незначительное количество обучаемых не имело смысла. В полках было достаточно опытных специалистов, способных обучить новичков. Первые два месяца, начиная с октября, курсанты проходили теоретическую подготовку, они изучали конструкцию, обору- дование и особенности аэродинамики, самолетовождение, навигацию, тактику и т.д. Поскольку все обучаемые были уже командирами кораблей, то многие вещи давали

ТУ-22К

Дозаправка Ту-22 топливом в воздухе по схеме «Конус». Сущность этого метода заключалась в следующем: самолет-заправщик Ту-16Н, летящий в кильватерном строю впереди и выше заправлямого самолета, перекачивал топливо на заправляемый самолет Ту-22 по гибкому шлангу, соединяющему расходный бак заправщика со специальным приемником топлива — штангой Ту-22. Для того чтобы летчик заправляемого самолета мог точнее выдерживать дистанцию между самолетами в процессе заправки, комплексный агрегат имел специальную сигнализацию в виде фар красного, зеленого и желтого цвета, каждая из которых горит при определенной длине выпущенного шланга. Основные данные системы дозаправки по схеме «Конус»: скорость полета самолетов в процессе дозаправки — 830—890 км/ч; высота полета при дозаправке — 5000 м; производительность системы дозаправки — 1660 л/мин; время, затрачиваемое на пристраивание заправляемого самолета, установку режима дозаправки, перекачивание топлива и расцепку, — 25 мин; свободная длина шланга самолета-заправщика — 47 м.

им в ознакомительном порядке, подробнее изучали только особенности, отличия и т.п. К преподаванию привлекались полковые инженеры, летчики, штурманы (обычно из числа заместителей командира части). В ряде случаев слушателям, чтобы они не потеряли летную квалификацию разрешали в этот период участвовать в полетах на Ту–16 из бобруйского тбап. После теоретического курса летчики ехали домой, забирали вещи и возвращались в Мачулищи. На переезды давался месяц. Затем в феврале начиналась практика — полеты на учебном Ту–22У.

Первый полет был ознакомительным, но уже на пятом или шестом полетах устанавливался предельный режим, когда летчик на максимальной скорости заставлял самолет «выпрыгивать» на потолок, а затем убирал обороты двигателя и со скоростью 150 м/с под углом 65—70° летел вниз.

Расслабиться курсантам не давали. Одиннадцатым полетом была специальная контрольная проверка, а двенадцатый полет для всех уже был самостоятельным. Потом в течение недели полеты проходили по программе курса боевой подготовки (КБП): при выполнении полком учебно–боевой задачи обучаемые летчики, находясь позади боевых порядков, тренировались вместе с ним. В результате, заканчивая ЦОК в мае, летчики уже могли летать в составе эскадрильи на боевые задания.

В 80–е гг. средний возраст летчиков, летавших на Ту–22, превысил 35 лет. В связи с этим было принято решение провести кадровый эксперимент. Суть его сводилась к тому, что в 121–й полк четыре или пять летчиков были направлены прямо из училища. И хотя эксперимент не получил распространения, молодые лейтенанты, не имевшие опыта летной работы, успешно служили в полку. Один летчик из этой группы впоследствии стал заместителем командира эскадрильи, второй — командиром.

Ту–22 в начале его освоения вызывал у летчиков разные эмоции — от страха до восхищения. После Ту–16 с его просторной передней кабиной, в которой находилось четыре человека, летчик попадал в маленькую, почти как у истребителя, кабину, кроме легкого шлемофона ему приходилось надевать на голову защитный шлем, чтобы не ушибиться о блоки, трубопроводы и другие приборы, которых там было предостаточно. Трудности дальнейшего освоения были связаны в значительной степени со стереотипом поведения летчиков. Ведь все они пришли на Ту–22 с «левого» кресла других самолетов, т.е. были командирами кораблей. Вот как комментирует эту пробле–

Места стоянок самолетов были оборудованы автономными электроустановками, помостами для работ с двигателями и упорными колодками. Ту-22П (заводской №3302) на стоянке 3-й аэ 121-го тбап. Аэродром Мачулищи.

му командир отряда, майор запаса Сериков: «... когда полетает летчик на Ту–16 леваком (командиром корабля. — **С. Б.**) года три, он «толстым и ленивым» становится. Правак (помощник командира корабля, второй пилот. — **С. Б.**) рядом. Я (командир) вырулил на полосу. Даю команду: «Экипаж! Взлетаем!» Тормоза бросил, взлетаю. Правак уже должен смотреть, чтобы при отрыве у самолета не было крена. Это обязанность правака, т.е. с командира обязанность уже снимается. Я, конечно, рулю, но это ответственность правака. Я смотрю вперед, создал угол тангажа, набираю высоту. Даю команду «Убрать шасси!» Правак бросает все и начинает убирать шасси. Скорость доходит до нужного значения, я командую: «Убрать закрылки!» Правак убирает. Докладывает: «Шасси, закрылки, фары убраны, краны нейтрально установлены!» После набора высоты обороты двигателей сбавили. Я даю команду: «Правый летчик, взять управление!» Кроме того, правый летчик ведет связь. Боевые задачи выполняют, конечно, командир со штурманом. На посадке то же самое — «Выпустить закрылки на 20 градусов!» — выпускает. Я — «Выпустить закрылки на 30 градусов!» — выпускает. «Выпустить шасси!». Я только рулю, за штурвал держусь. И вот после такой жизни попадаешь на Ту–22 и начинаешь метаться по кабине: закрылки шасси и т.д. — все сам от начала до конца. Поэтому вначале тяжело. Потом, конечно, привыкаешь, но после первых полетов прилетаешь мокрый, как мышка».

Не все такое выдерживали. Был случай, когда в середине 80–х гг. в 121–й тбап перевелся летчик. Пройдя

Технический состав проводит регламентные работы на самолете Ту-22К. В центре снимка — створка люка отсека вооружения. В отличие от Ту-22Р каждая створка состояла из двух частей.

Экипаж Ту-22 попадал в кабину через входные люки, поднимался по специальным стремянкам и с помощью техника размещался в креслах. После этого кресла поднимались по рельсам вверх, а люки закрывались техником.

Для доступа к блокам РЛС «Рубин» обтекатель антенны мог откидываться вправо, а антенный блок на петлях отклонялся вперед. На снимке техник по радиоэлектронному оборудованию проводит работы на РЛС самолета Ту-22П.

переучивание, он был допущен до самостоятельных полетов, но, полетав немного, сказал: «Не могу!» Он так долго был командиром экипажа другого самолета, что переломить себя не смог — тяжело. И думать надо, и радиосвязь вести и т.д. Все надо делать самому да еще быстро — ведь крейсерская скорость на больших и средних высотах 1000 км/ч.

С приходом опыта взлет на Ту–22 у летчиков трудностей не вызывал. Исключение составляли лишь взлеты с максимальным весом, который вначале составлял 92 т, а позднее был снижен до 88 т из–за ограничений по величине тяги двигателей. При таком весе и температуре воздуха +25—30°С на полосе длиной 3 км отрыв происходил с последней плиты ВПП. Приходилось поэтому взлетать ночью или рано утром, когда было не так жарко. В полете Ту–22 хорошо вел себя на больших углах атаки. Его тяжело было свалить в штопор. Самолет парашютировал, но в отличие от Ту–16 на крыло не валился.

Однако посадка представляла значительную сложность. Воспоминания летчиков: «По глиссаде и по курсу Ту–22 идет отлично. Но на малых скоростях на посадке из–за большой стреловидности и малой площади крыла пилотирование ведется, как по лезвию бритвы. Начинаешь рано на себя штурвал подбирать — высоко выравниваешь — и посадка будет жесткой с повышенной скоростью, а если позже — можешь попасть в режим сваливания...» За время эксплуатации до 1990 г. на самолетах Ту–22К произошло 17 аварий и катастроф (восемь из них на посадке). В семи случаях виновниками были летчики. Даже опытные летчики считали, что до конца отработать посадку на Ту–22 нельзя.

На самолете Ту–22К была внедрена и опробована система дозаправки топливом в полете от самолета–заправщика Ту–16Н по схеме «Конус». Это позволяло существенно увеличить дальность полета.

Летчики, проводившие заправку на Ту–22, говорили, что она менее сложная по сравнению с крыльевой схемой заправки на Ту–16. Основной была проблема удерживания соизмеримых скоростей при дозаправке. У танкера скорость маленькая, а Ту–22 на малой скорости на высоте заправки плохо управляем.

В курсе боевой подготовки (КБП) был введен раздел по дозаправке, но после подписания Договора по ОСВ в начале 70–х гг. от заправки в воздухе пришлось отказаться. Самолеты стали летать с опломбированными штангами, а с некоторых машин они были сняты совсем. Летчики этот раздел КБП не изучали, и к 80–м гг. в полках Ту–22К практически не осталось летчиков, способных выполнить дозаправку на этом самолете.

Бытует мнение, что самолет Ту–22 был настолько плох ,что не шел ни в какое сравнение с очень хорошим Ту–16, что Ту–22 ругали все и вся. Это не соответствует истине. Автор этих строк, встречавшийся с многими летчиками, штурманами и инженерами, служившими в полках на Ту–22, слышал нелестные отзывы только от одного человека — специалиста по двигателям. Его отношение к Ту–22 в определенной степени было оправданно. Дело в том, что новые двигатели РД–7М2 уже не выпускались, и на самолеты устанавливались старые, после переборок их

Во время предполетной подготовки самолет заправлялся не только топливом. На снимке спиртоводозаправщик производит заправку Ту-22П спирто-водяной смесью «Шпага», 121-й тбап. Аэродром Мачулищи.

Для электроснабжения самолета на земле использовались автомобили АПА-50 на шасси ЗиЛ-131. АПА-50 у самолета Ту-22П (заводской № 5205), 121-й тбап. Аэродром Мачулищи.

на ремонтном заводе. И к 80-м гг. на Ту-22 стояли двигатели, прошедшие уже 4—5 переборок. Надежность работы таких силовых установок была очень низкой. В полках не было летчика, который один-два, а то и три-четыре раза не садился бы на одном двигателе. Остановка двигателя в полете стала настолько обыденным явлением, что на разборах полетов обходились констатацией правильных действий экипажа и записью благодарности в личное дело. Отказы остального оборудования не выходили за рамки обычной эксплуатации любого другого самолета.

Эта проблема не превратилась в неразрешимую лишь потому, что полки Ту-22 были укомплектованы элитными экипажами. Специальные требования позволяли отбирать в эти части энергичных, деятельных людей, чем-то напоминавших флибустьеров прошлых веков. Это объясняет отношение летного состава к самолетам и особенности боевого применения Ту-22К, о которых мы расскажем в следующей главе.

Ниже приводится анализ летных происшествий, который позволит в значительной степени реабилитировать перед лицом истории самолет Ту-22.

АНАЛИЗ ЛЕТНЫХ ПРОИСШЕСТВИЙ В ЧАСТЯХ ДАЛЬНЕЙ АВИАЦИИ

Типы самолетов	Количество аварий, катастроф, приходящихся на 100 000 ч налета, по годам			
	1960—1969	1970—1979	1980—1989	1960—1989
Ту-16	2,48	1,5	1,75	2,0
Ту-22	20,17	6,1	5,93	8,59

Наибольшее число аварий и катастроф Ту-22 приходится, как показано в таблице, на начальный этап его освоения и проведения доработок системы управления и конструкции. Однако после полного освоения самолета количество аварий и катастроф резко сократилось.

ДОЛЯ ЛЕТНЫХ ПРОИСШЕСТВИЙ В ДАЛЬНЕЙ АВИАЦИИ ПО ЭТАПАМ ПОЛЕТА И ПО ГРУППАМ ПРИЧИН, %

Типы самолетов	По этапам полета			По группам причин				
	взлет	посадка	другие этапы полета	ошибки летного состава	неподготовленность экипажа	недисциплинированность	отказы авиатехники	организация полетов и управления ими
Ту-16	27	32	41	60	7	40	9	40
Ту-22	8	40	52	43	14	14	41	14

Как отмечалось выше, основная доля летных происшествий на Ту-22 приходится на посадку. Большая часть происшествий была вызвана человеческим фактором — ошибками летного состава, неподготовленностью или недисциплинированностью экипажей.

ЭФФЕКТИВНОСТЬ ИСПОЛЬЗОВАНИЯ АВАРИЙНЫХ СРЕДСТВ СПАСЕНИЯ ЛЕТНЫМ СОСТАВОМ, ПО ТИПАМ САМОЛЕТОВ

Тип самолета	Количество летных происшествий		Потери		Количество участвовавших в летных происшествиях	Катапультировалось	Могло катапультироваться	Средняя статистическая вероятность использования средств спасения/выживания
	катастроф	аварий	самолетов, шт.	летного состава, чел.				
Ту–16	37	5	42	185	256	17	113	0,15/0,28
Ту–22	20	11	31	44	93	45	62	0,73/0,53

Из таблицы, представленной выше, видно, что самолет Ту–22 не был настолько опасен для экипажей, как это принято считать. Количество катастроф и людских потерь, связанных с Ту–16, гораздо выше, чем у Ту–22. Причем, согласно статистике, вероятность выживания экипажей Ту–22 во время летных происшествий была значительно выше, чем у экипажей Ту–16.

ОСОБЕННОСТИ БОЕВОГО ПРИМЕНЕНИЯ

Ту-22 был, пожалуй, единственным боевым самолетом дальней авиации, экипажи которого были способны проводить полеты на высотах 80—150 м. Подобные низковысотные полеты тяжелых машин, выполняемые в штурвальном режиме (т.е. без системы автоматического управления полетом и без автоматического огибания рельефа местности), — явление уникальное не только для нашей, но и для мировой авиации в целом. Эти полеты закладывались в программу боевой подготовки и отрабатывались всем составом полков Ту-22К.

Как уже говорилось, три ракетоносных полка Ту–22, располагавшиеся в Озерном (341–й тбап), Мачулищах (121–й тбап) и Барановичах (203–й тбап), в течение многих лет представляли собой элиту дальней авиации. На их долю выпали самые напряженные оперативные направления, до предела насыщенные средствами ПВО.

121–й и 203–й тбап были нацелены на Северную Европу: Голландию, Люксембург и т.д.

Полк из Озерного предполагалось использовать над Центральной Европой. Кроме основных оперативных направлений полки готовились к нанесению ударов в акваториях Средиземного, Черного, Балтийского, Северного и Баренцевого морей. Основные и запасные цели определялись полкам до отдельного экипажа включительно. Закрепление цели за экипажем осуществлялось документально специальным пакетом (пакет — это портфель, опечатанный командиром экипажа и хранящийся в секретной части). В нем находился полный комплект полетной документации, необходимой для выполнения удара по конкретной цели: полетные карты, дело цели с разведданными (фотографиями, характерными ориентирами и т.п). У каждого экипажа было по паре учебных и боевых пакетов.

Отрабатывая типовые задачи, полки ракетоносцев принимали участие во всех крупных учениях, проводившихся в западных военных округах.

На учениях Запад–84 в 1984 г. 121–й тбап был поднят по тревоге. Взлетев с аэродрома Мачулищи, самолеты прошли боевыми порядками в составе полка на полигон Рыйка в 15—18 км от Тарту. Отработав по

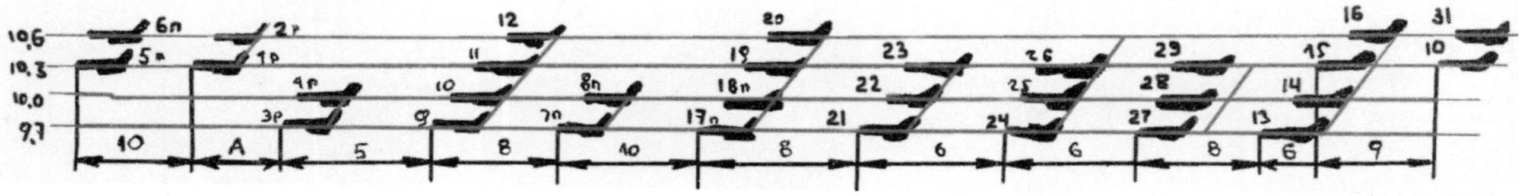

В полетах отрабатывались различные варианты боевых порядков. На схеме представлен боевой порядок, при котором самолеты эшелонированы по высоте от 9,7 до 10,6 км. Ударные группы (отряды) следуют друг за другом с интервалами 6—10 минут. Цифра и буква рядом с самолетом обозначает его номер в боевом порядке и тип: без буквы — Ту-22К, с буквой П — Ту-22П в варианте постановщика помех, с буквой Р — Ту-22П в варианте самолета радиоэлектронной разведки. При проходе линии разделения войск (линии фронта) либо зон противодействия средств ПВО боевые порядки могли уплотняться. При этом дистанции между самолетами в отрядах составляли 30—50м (из штурманского плана полета, архив).

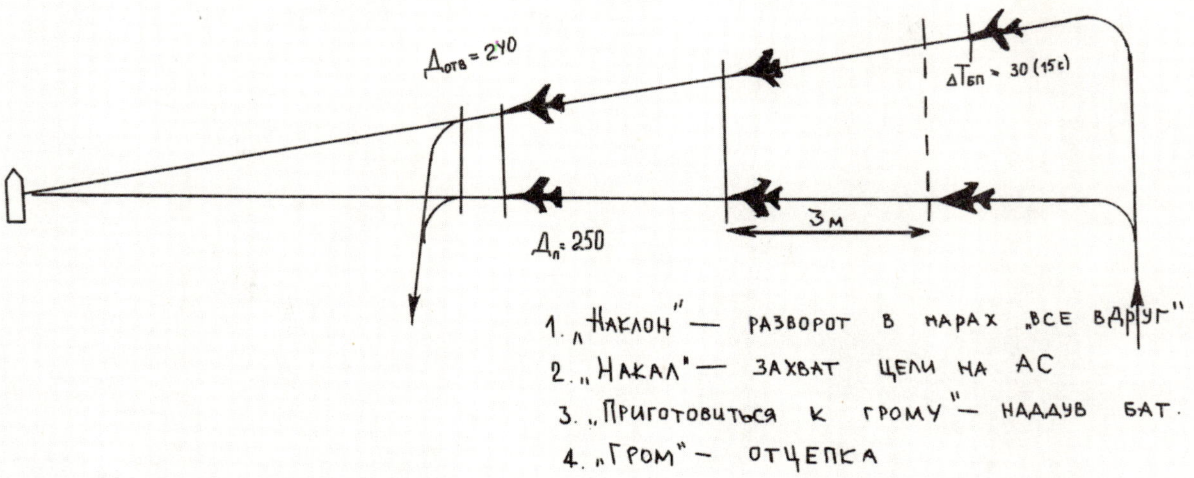

Схема нанесения удара по кораблю составом полка Ту-22К. По команде «Наклон» полк выполняет разворот в парах «все вдруг». При этом самолеты нацеливаются на корабль. По сигналу «Приготовиться к грому» штурманы производили наддув батарей крылатых ракет, а по команде «Гром» — отцепку ракеты Х-22 от самолета. Интервалы между ударными группами составляли 3 мин, дальность отворота от цели — 240—250 км (из штурманского плана полета, архив).

полигону, полк снизил высоту полета до 100 м и продолжал полет на запад над центральной частью акватории Балтийского моря. Полет на предельно малых высотах продолжался вдоль всей Балтики, пока полк не вышел на траверз ГДР. При такой высоте полета средства ПВО были бессильны обнаружить ракетоносцы, а тем более атаковать их. Затем полк разделился на две колонны, которые левым разворотом ушли на Берлин. Обе группы обогнули столицу ГДР с востока и запада. После этого одна из них приземлилась на аэродроме Темплин, другая — в Фалькенберге. О присутствии в ГДР целого полка ракетоносцев с ракетами (в мирное время учебными) не знали ни в Группе советских войск в Германии, ни в НАТО — настолько скрыто они осуществляли прорыв. День экипажи посвятили отдыху, а на следующую ночь полк взлетел и ушел на Балтику, набирая высоту. Обратный полет проходил на высоте 9000—10 000 м на высоких скоростях с применением радиолокационных помех. Поэтому полк успешно преодолел зоны возможного обнаружения средствами ПВО, отрабатывая тактические пуски ракет (т.е. без сброса самой ракеты) по полигону Б-46 на Куршской косе под Калининградом и далее проследовал на свой аэродром.

Ни тогда, в 70—80-х гг., ни сегодня в дальней авиации не было и нет другого самолета, способного осуществлять полет на столь низких высотах без применения автоматики. Только полки Ту-22К, укомплектованные экипажами высочайшего класса, были способны проводить длительный полет на высотах от 80 до 150 м. Говоря о таких полетах, следует обратить внимание не только на ювелирную точность пилотирования летчиков, но и на виртуозную работу штурманов, которым приходилось работать в условиях сложной ориентировки (из-за малой высоты и высокой скорости полета). Полеты на предельно малых высотах были внесены в планы боевой подготовки полков. Тренировочные полеты планировались с учетом благоприятной орнитологической обстановки в периоды отсутствия миграции птиц, т.е. с ноября по март. И такой режим отрабатывался всем составом полка (т.е. тридцатью четырьмя самолетами), а не одним-двумя лучшими экипажами. Высота полета составляла 100—150 м, скорость — 700—800 км/ч. На этой скорости самолет, как показала практика, «плотно сидит» в воздухе и имеет очень хорошую устойчивость и управляемость. Видимо, поэтому Генеральный штаб использовал Ту-22К из 121-го тбап для проведения проверок готовности ПВО Советского Союза к отражению воздушного нападения. Эти задачи назывались спецполетами и ставились лучшим летчикам полка. Вот что вспоминает о них майор Футьянов: «Спецполеты проходили в режи-

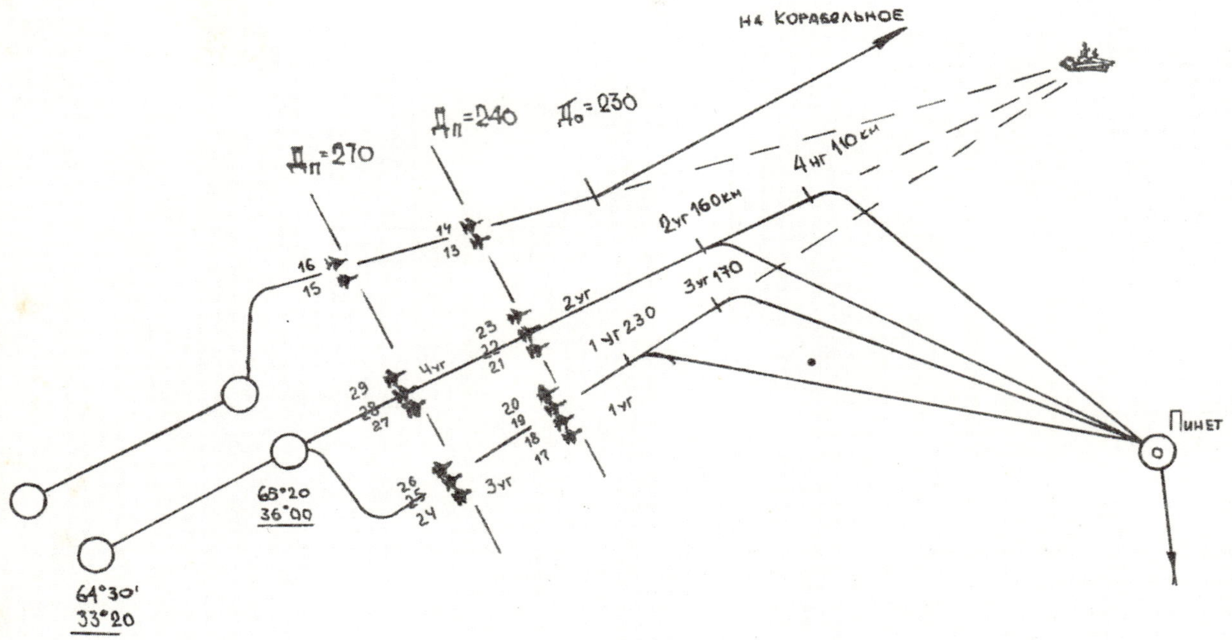

Один из вариантов нанесения удара по авианосцу. Его наносят четыре ударные группы, идущие двумя колоннами, третью колонну образует группа, выполняющая отвлекающий маневр (штурманский план полета, архив).

ме секретности. Они не афишировались даже среди личного состава полка. В пятницу вечером после построения командир полка говорит: « Футьянов и Есенкин, останьтесь!» Мы оставляем экипаж ожидать нас около штаба, а сами идем в кабинет к командиру. Там получаем задачу. В субботу утром запускаем двигатели по зеленой ракете с командно–диспетчерского пункта, взлетаем парой. На круге я «цепляюсь» к ведущему, и мы плотненьким строем уходим на север. Полет проходил в полном радиомолчании. Нас запрашивают с земли, а мы уходим. На больших высотах мы шли до Ленинграда. Потом летели по маршруту Беломорск—Архангельск—Плесецк. Затем снижались до высоты 80 м ведущий и метров до 100 — я. И летели до Москвы на предельно малых высотах. Доходили беспрепятственно до самой московской кольцевой дороги и потом уходили на запад, потому что там уже поднимались истребители. А однажды мне была поставлена задача огибать Москву с востока, а Есенкину — с запада. В районе Калуги мы встречались, поднимались на большую высоту. Тогда уже на нас все накидывались, а мы всеми способами доказывали, что свои. А так всю дорогу тишина. Иногда, конечно, что–то срабатывало (кто–то облучал), но это даже не обнаружение, а так.. Прилетали домой и, написав донесение, отдыхали».

Такие проверки проводились не только парой самолетов, но и всем составом полка.

В условиях особого периода (т.е. в военное время) удары по цели должны были наноситься дивизией.

Учения по отработке этих действий проводили так, чтобы в воздухе рядом с чужими границами не висела одновременно целая армада самолетов (можно ведь спровоцировать военный конфликт). Поэтому для отработки нанесения ударов полным составом полка и дивизии применяли метод «зеркала». Прокладывали маршрут к цели не на запад или север, как на карте, а на восток или юг соответственно. На юг летали на Каспийское море. Работали по 700–му полигону, находившемуся вблизи Тюленьих островов. Полигон представлял из себя скопление барж и старых кораблей. Именно на этом полигоне отрабатывали пуски ракет по надводным целям. Однако в начале 90–х гг. полигон был закрыт экологами из–за загрязнения

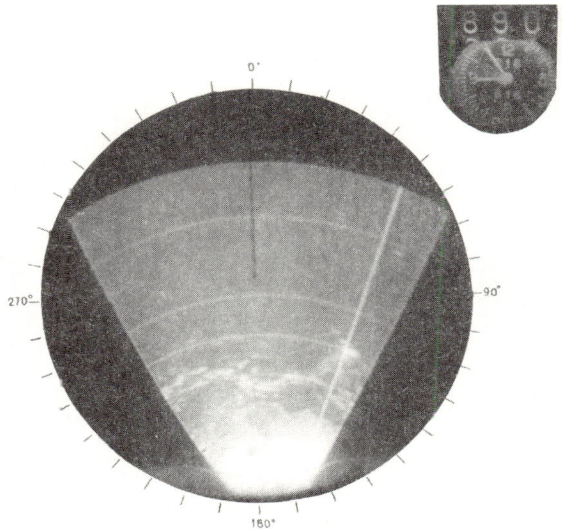

а

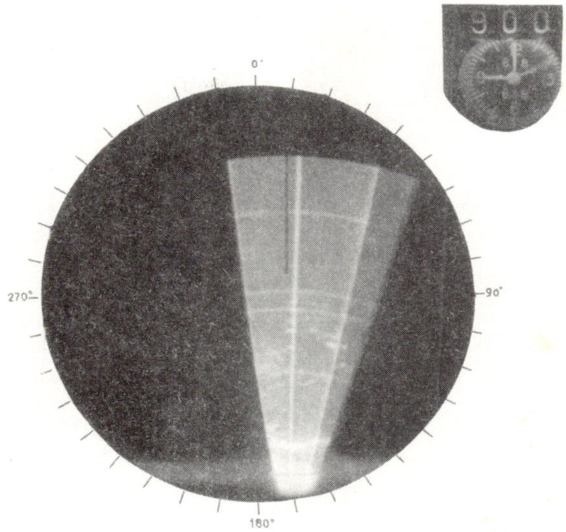

б

Нанесение удара ракетами Х-22 по 600-му полигону на экране РЛС ПН, снятое фотоприставкой ФАРМ. Экран РЛС ПН в режиме обзора 60° (а). Это последняя радиолокационная коррекция ЦНВУ по городу Гурьеву (светлая линия справа). Извилистая темная полоса, отдаленно напоминающая Млечный Путь, — река Урал, белые поля — грозы над ней. После проведения коррекции электронное перекрестие (светлая линия) перебрасывается точно в направлении цели. Потом РЛС переводится в режим «Обзор 20°» (б). Разрешающая способность повышается (цели — белые зернышки посредине на светлой линии становятся четче). В конце прицеливания включается режим «Микроплан местности» (в). Обзор в этом режиме равен 7°. Это самое точное прицеливание. Изображение на экране соответствует площади примерно 20×30 км. Четыре светлых коротких полоски на экране — это цели на 600-м полигоне. Удар будет произведен по цели, на которую наложена прицельная отметка (светлая горизонтальная длинная линия).

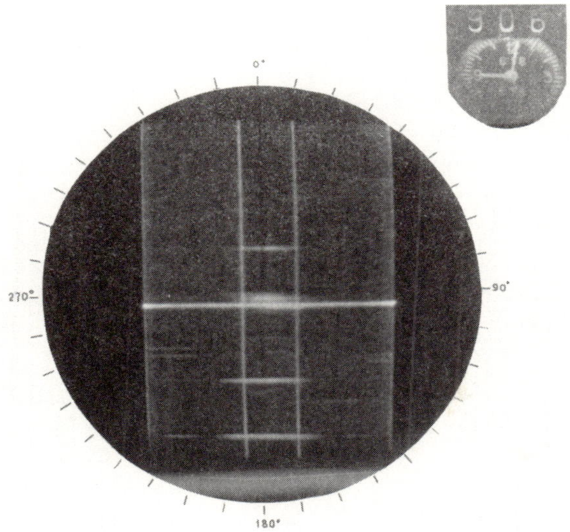

в

моря топливом и фрагментами разорвавшихся ракет. А в казахских степях был 600-й полигон — сухопутный.

Прицеливание по радиолокационно видимым целям 600-го полигона хорошо иллюстрируют фотографии, сделанные фотоприставкой ФАРМ, фотографирующей экран РЛС ПН.

Экран, который фотографируется, показывает то, что «видит» станция ПН, а есть еще экран, который передает изображение с РЛС ПГ ракеты. После того как штурман и летчик совместят метки на обоих экранах, происходит захват цели ракетой. После захвата цели дается 30 с на то, чтобы убедиться в надежности захвата по горению лампочки АСЦ (автосопровождение цели).

Потом наддуваются батареи ракеты, и питание ее становится автономным. С разрешения командира производится отцеп.

Рубеж обнаружения цели составляет 370 км, а пуска — 260 км. Самолет сопровождает ракету около 60 км.

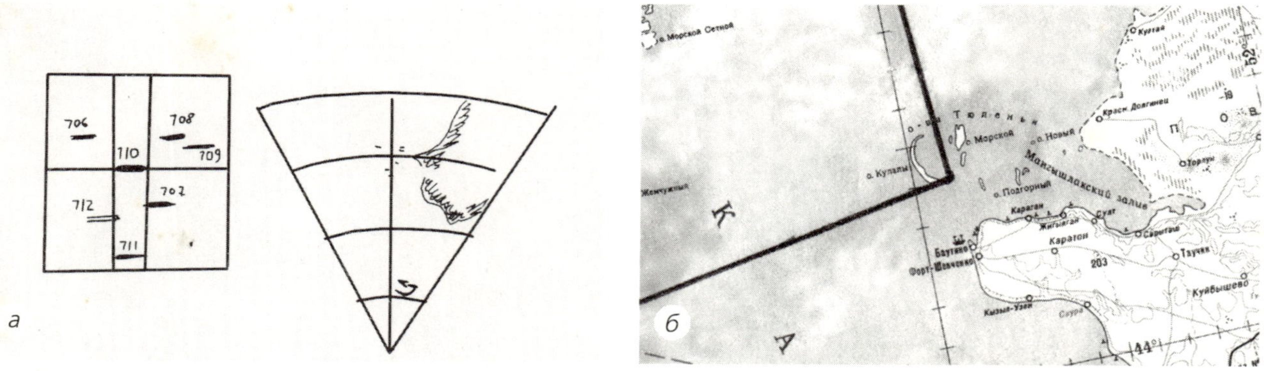

Изображение 700-го полигона, соответствующее изображению на экране РЛС ПН (а). На схеме обозначены цели — 706, 707 и т.д. — это старые корабли и баржи. Для поражения ракетой выбрана цель 710 (из штурманского плана полета, архив). Полигон находился в Каспийском море в районе Тюленьих островов (б).

Ее видно по работающему стартовому двигателю. Она сначала проваливается вниз, а потом после включения двигателей выходит из–под носа с набором высоты. После перехода в горизонтальный полет ракета теряется из вида, и самолет отворачивает на обратный путь.

Чаще всего пуски ракет выполняли тогда, когда возникала необходимость определить пригодность партии хранящихся ракет к дальнейшему применению. Для этого проводили контрольно–серийные испытания, забирая из партии несколько ракет для пусков.

На юг, на Черное море, летали «через два полигона»: первый находился около Херсона (Калиновка), а второй в Крыму, вблизи Джанкоя. В глубь Черного моря заходили, не долетая 40—50 км до турецкого берега.

Отрабатывали удары по авианосным ударным группам. Такие полеты выполнялись полком и планировались, когда какой–нибудь авианосец находится в Северном море. В этом случае 121–й тбап поднимался с аэродрома Мачулищи и перебазировался на Кольский полуостров (аэродром Оленегорск). 203–й тбап из Барановичей в качестве оперативного аэродрома использовал Североморск. В Оленегорске самолеты заправлялись, взлетали и левым разворотом шли «за угол» (Скандинавский полуостров). Здесь наши самолеты уже сопровождали шведские и норвежские истребители. Доходили до «Головы тигра» (конец Скандинавского п–ва), выполняли условные пуски по авианосцу. Потом правым разворотом проходили Шпицберген и на траверзе Земли Франца–Иосифа поворачивали в сторону Оленегорска и Североморска. После отдыха и заправки полки возвращались домой.

Похоже, что успехи в летной подготовке полков Ту–22К вскружили голову генералам из вышестоящих штабов. Новшества в построении боевых порядков предлагались достаточно часто, но однажды пришло распоряжение отработать применение Ту–22К в качестве ударного самолета. Для поражения наземных целей предполагалось использовать кормовую пушечную установку.

Вот что вспоминает об этих «экспериментах» командир отряда майор Сериков: «Пушка была нужна для того, чтобы отстреляться от пуска ракет с радиолокационными или инфракрасными головками самонаведения. Создать заградительное облако. А здесь нужно попасть в цель на наземном полигоне. На скорости 500 км/ч и на высоте 100 м оператор должен опознать цель, навести пушку, произвести стрельбу да еще и попасть в цель. Задача была поставлена, и надо ее было выполнять. Ввели в план боевой подготовки. Раз попробовали, два попробовали — не получается поражение цели. Придумали следующее. Я захожу на полигон и вместе со штурманом начинаю искать цель. Находим ее, и когда цель под нами, даю команду оператору: «Стрельбу разрешаю». У него пушка под определенным углом стоит. Он отсчитывает: раз, два, три и тра–та–та–та из пушки. С полигона докладывают: «Стрельбу наблюдал». Если попали в полигон — оценка отлично».

В авиаполках использовались различные построения боевых порядков, но в любом случае Ту–22К в полете сопровождали Ту–22П — в варианте постановщика помех или в варианте самолета радиоэлектронной разведки.

Станции активных помех групповой защиты, установленные на Ту–22П, создавали на экранах РЛС противника в направлении на самолет–постановщик помех секторные засветки, что затрудняло или вообще исключало определение дальности до этого самолета и прикрываемой им группы ударных самолетов, вызывало ошибки в измерении координат группы по пеленгу и высоте, срывало непрерывное сопровождение целей.

Один самолет Ту-22П мог обеспечить прикрытие помехами группы из 2—3 самолетов типа Ту-22, летящих с интервалами и дистанциями между самолетами 1 5—2 км, с вероятностью:

- для станций СПС-4М, СПС-5М и СП -6 — 1,0 на дальностях 100—130 км от РЛС и далее;
- для станции СПС-77 — 1,0 на дальностях 50 км от РЛС и далее;
- для станций СПС-22-70, СПС-33-70, СПС-44-70 (СПС-44) и СПС-55-70 — 1,0 на дальностях 150 км и далее.

Постановка пассивных помех с помощью устройства АПП-22 в комплексе с постановкой активных помех увеличивала число засветок на экранах индикаторов РЛС противника. Это усложняло радиолокационную обстановку, затрудняло определение местоположения постановщика помех по передней кромке облака пассивных помех, а также маскировало прикрываемые самолеты при возможных отставаниях от постановщиков помех при следовании по маршруту или при разворотах.

Самолеты в строю располагались на 30-метровых интервалах и дистанциях. Если полеты проходили парами и отрядами, то строй уплотнялся до 15×15 м, что выглядело на экране РЛС как одно пятно. Ведущий шел немного ниже, а остальные чуть выше, чтобы иметь возможность отреагировать на быстрое изменение обстановки.

В реальных военных действиях полки ракетоносцев Ту-22К никогда не участвовали. Только Ту-22П с октября 1988 г. эпизодически появлялись в небе над Афганистаном — это были четыре самолета из 341-го тбап (аэродром Озерное), которые использовались для прикрытия бомбардировщиков Ту-22М3 из 185-го тбап (Полтава). Как самолеты радиоэлектронного противодействия (РЭП) они должны были обеспечивать подавление возможных атак пакистанских F-16 в районе пакистанско-афганской границы. В январе 1989 г. их заменили четырьмя Ту-22П из 203-го тбап (Барановичи). После перемещения бомбовых ударов в район перевала Саланг, где поддержки самолетов РЭП не требовалось, в феврале 1989 г. последние Ту-22 П были отправлены на свою базу. А через пять лет Ту-22 были вообще сняты с вооружения, сначала в России, а позднее и в Украине.

Ракетоносный комплекс К-22 был уникальным по своим возможностям. Несмотря на все сложности, связанные с началом его эксплуатации, его значение в развитии дальней авиации СССР невозможно переоценить.

Автор благодарит за помощь в создании книги: С. Елисеева, Г. Клепиковского, А. Конорева, А. Матусевича, В. Подтыкалова, С. Серикова, Н. Турандина, Ю. Футьянова.

СОДЕРЖАНИЕ

Научно-популярное издание

Бурдин Сергей Альбертович

Ракетоносец
Ту– 22 К

Ответственный за выпуск *Ю. Г. Хацкевич*

Подписано в печать с готовых диапозитивов 05.02.02.
Формат 84x108 1/16. Бумага офсетная. Печать офсетная. Усл. печ. л. 5,04. Тираж 5100 экз. Заказ 3375.

ООО «Харвест». Лицензия ЛВ №32 от 10.01.2001. РБ, 220013, Минск, ул. Кульман, д. 1, корп. 3, эт. 4, к. 42.

ООО «Издательство АСТ». 368560, Республика Дагестан,
Каякентский район, с. Новокаякент, ул. Новая, д. 20
Наши электронные адреса:
WWW.AST.RU
E-mail:astpub@aha.ru

Республиканское унитарное предприятие «Минская фабрика цветной печати». РБ, 220024, Минск, ул, Корженевского, 20.